Kamel Guesmi

Modélisation et commande floue des convertisseurs statiques

AF196527

Kamel Guesmi

Modélisation et commande floue des convertisseurs statiques

Application sur un convertisseur survolteur

Presses Académiques Francophones

Impressum / Mentions légales
Bibliografische Information der Deutschen Nationalbibliothek: Die Deutsche Nationalbibliothek verzeichnet diese Publikation in der Deutschen Nationalbibliografie; detaillierte bibliografische Daten sind im Internet über http://dnb.d-nb.de abrufbar.
Alle in diesem Buch genannten Marken und Produktnamen unterliegen warenzeichen-, marken- oder patentrechtlichem Schutz bzw. sind Warenzeichen oder eingetragene Warenzeichen der jeweiligen Inhaber. Die Wiedergabe von Marken, Produktnamen, Gebrauchsnamen, Handelsnamen, Warenbezeichnungen u.s.w. in diesem Werk berechtigt auch ohne besondere Kennzeichnung nicht zu der Annahme, dass solche Namen im Sinne der Warenzeichen- und Markenschutzgesetzgebung als frei zu betrachten wären und daher von jedermann benutzt werden dürften.

Information bibliographique publiée par la Deutsche Nationalbibliothek: La Deutsche Nationalbibliothek inscrit cette publication à la Deutsche Nationalbibliografie; des données bibliographiques détaillées sont disponibles sur internet à l'adresse http://dnb.d-nb.de.
Toutes marques et noms de produits mentionnés dans ce livre demeurent sous la protection des marques, des marques déposées et des brevets, et sont des marques ou des marques déposées de leurs détenteurs respectifs. L'utilisation des marques, noms de produits, noms communs, noms commerciaux, descriptions de produits, etc, même sans qu'ils soient mentionnés de façon particulière dans ce livre ne signifie en aucune façon que ces noms peuvent être utilisés sans restriction à l'égard de la législation pour la protection des marques et des marques déposées et pourraient donc être utilisés par quiconque.

Coverbild / Photo de couverture: www.ingimage.com

Verlag / Editeur:
Presses Académiques Francophones
ist ein Imprint der / est une marque déposée de
AV Akademikerverlag GmbH & Co. KG
Heinrich-Böcking-Str. 6-8, 66121 Saarbrücken, Deutschland / Allemagne
Email: info@presses-academiques.com

Herstellung: siehe letzte Seite /
Impression: voir la dernière page
ISBN: 978-3-8416-2196-2

APPROCHES POUR LA MODELISATION ET LA COMMANDE FLOUE DES CONVERTISSEURS STATIQUES

Dr. Kamel GUESMI

TABLE DES MATIERES

Chapitre IV : Synthèse du contrôleur flou : 2ème approche

Avant-propos

Ce livre est le manuscrit de ma thèse de doctorat de l'Université de Reims Champagne – Ardenne. Il regroupe l'ensemble des résultats obtenus durant la période 12/2003-12/2006 sous la direction des professeurs J. ZAYTOON et A. HAMZAOUI. L'objectif de la publication de ce livre est la valorisation et la promotion des résultats obtenus auprès le public francophone.

Dr. K. GUESMI

Introduction Générale

Grâce aux performances accrues des convertisseurs statiques, de nouveaux champs d'application se sont ouverts. Certains d'entre eux sont très exigeants en termes de performances dynamiques. Nous pouvons citer comme exemples la dépollution de réseaux électriques, l'alimentation de machines à courant alternatif pour des applications particulières, l'amplification de puissance (audio...). Pour de telles applications, il faudrait un convertisseur idéal, qui générerait une tension (ou un courant) de sortie rigoureusement identique à un signal de référence, à un facteur de proportionnalité près, y compris lorsque ce signal varie rapidement. Le transfert d'énergie entre la source et le récepteur serait alors idéalement contrôlé, la plage de fonctionnement serait la plus large possible sans entraîner l'apparition de phénomènes subharmoniques ou chaotiques. Pour cela, il faudrait être en mesure d'abord d'identifier, grâce à une modélisation adéquate, ces phénomènes indésirables. Ensuite, il est nécessaire d'optimiser la stratégie de commande, de manière à assurer une poursuite du signal de référence la meilleure possible, pour un convertisseur donné, commutant à une fréquence imposée par des limitations technologiques. Dans ce cadre que s'inscrit notre contribution dans ce travail de thèse.

Un convertisseur statique de base est formé essentiellement de deux types de composants : i) électroniques de commutation (interrupteurs) ii) de stockage de l'énergie électrique (inductances, condensateurs). La conversion est effectuée en stockant l'énergie de la source durant une partie de la période de fonctionnement (d'horloge), puis transférée vers la charge pendant le reste de la période d'horloge; et ce grâce à une commande adéquate appliquée au niveau des interrupteurs.

Afin d'assurer les performances désirées de ce transfert, un modèle mathématique du convertisseur permettant la synthèse du contrôleur est nécessaire. Parmi les modèles présentés dans la littérature, celui à petits signaux permet une description linéaire du comportement du convertisseur autour d'un point de fonctionnement. Il présente l'avantage d'être simple, largement utilisé par les ingénieurs dans l'industrie et permet d'exploiter la richesse de la théorie de commande classique [Eri, 99], [Ahm, 03], [Dio, 03], [Raf, 03], [Gue, 05a], [Gue, 05c]. Néanmoins, cette technique de modélisation ne peut pas décrire le comportement du système en cas d'une variation importante au niveau de ses paramètres. De plus, la prise en compte des non linéarités du convertisseur permet une meilleure description du comportement du convertisseur. Afin de remédier à ces problèmes, d'autres types de modèles ont été utilisés dans la littérature [Kre, 90], [Ban, 01], [Tse, 03]. Parmi ceux-ci, citons le modèle moyen qui est non linéaire, permet de décrire le comportement du convertisseur à l'échelle des basses fréquences [Sab, 93], [Sir, 97], [Rod, 00], [Ort, 02]. Cependant, la non prise en compte de la fréquence de commutation par cette technique de modélisation présente un inconvénient majeur. Ceci résulte en une incapacité du modèle de décrire une partie importante des non linéarités exhibées par le convertisseur à l'échelle des hautes fréquences. Dans le souci de décrire ces non linéarités, l'utilisation d'une description récurrente du comportement du convertisseur d'un cycle d'horloge à un autre, peut être une alternative [Ban, 01], [Tse, 03], [Gue, 05b].

Concernant la commande des convertisseurs statiques, plusieurs approches ont été développées dans la littérature [Ort, 02], [Ahm, 03], [Dio, 03], [Raf, 03], [Kol, 04], [Gue, 05a], [Gue, 05b]. Avec le bon dimensionnement des éléments du convertisseur, la commande par rétroaction a été largement adoptée dans l'industrie pour sa simplicité et son faible coût [Ban, 01]. Néanmoins, l'inconvénient majeur de ce type de contrôleurs est l'apparition de certains phénomènes non linéaires qui rendent l'analyse du comportement du système complexe et altèrent les performances de régulation. Pour résoudre ce problème, d'autres lois de commandes peuvent être utilisées pour avoir de meilleures performances, comme le PID [Dio, 03], [Kol, 04], le mode glissant [Rav, 97], la technique H_∞ [Raf, 03], ou d'autres techniques basées sur la fonction de Lyapunov [Daa, 01], [Daa, 02] ou sur le principe de la passivité [Sir, 97], [Rod, 00], [Ort, 02]. Cependant, ces stratégies de commande nécessitent la connaissance complète ou partielle du modèle et ne permettent de maintenir les performances de régulation que dans le cas de petites variations des valeurs nominales des éléments du système. Dans le cas de grandes variations, la commande par logique floue peut être une alternative. L'exploitation des connaissances linguistiques, émanant de l'expert humain, décrivant le comportement du système ou la stratégie de commande lui permet d'assurer de meilleures performances [Rav, 97], [Raf, 03] et d'accorder de la flexibilité lors de la conception.

Les travaux présentés dans cette thèse ont pour objectif de contribuer d'une part à l'amélioration de la technique de modélisation des convertisseurs statiques et d'autre part à la synthèse d'une commande floue stabilisante pour cette classe de systèmes. En effet, la modélisation discrète des convertisseurs présente l'avantage de décrire les différents comportements du convertisseur. Néanmoins, l'élaboration du modèle est effectuée sous certaines conditions de validité et hypothèses simplificatrices qui ne sont pas toujours vérifiables [Ban, 01], [Tse, 03]. Dans ce contexte, nous proposons dans ce travail d'améliorer cette technique de modélisation et de « relaxer » les contraintes sur le modèle afin d'avoir une meilleure description du comportement du convertisseur sans pour autant alourdir le calcul [Gue, 06a]. Concernant la commande par logique floue, nous avons proposé la synthèse d'un contrôleur à travers deux méthodes. La première est basée sur l'exploitation de l'analogie pouvant exister entre le contrôleur flou et un PID classique [Gue, 05a], [Gue, 05c]. Nous montrerons que cette technique de mise en œuvre présente l'avantage d'être simple et permet d'utiliser la théorie de commande classique pour le réglage des différents paramètres du contrôleur flou. La seconde méthode est basée essentiellement sur le critère de stabilité et le modèle moyen du convertisseur, pour synthétiser un contrôleur flou stabilisant. Cette stabilité sera étendue ensuite pour montrer que le contrôleur ne maintient pas seulement les performances de régulation mais également le fonctionnement normal du convertisseur tout en éliminant les comportements de bifurcations, quasi-périodiques et chaotiques du convertisseur sur une large plage de variation de ses paramètres [Gue, 05b], [Gue, 06b], [Gue, 06c].

Structure du manuscrit

Ce manuscrit comporte quatre chapitres :

Dans **le premier chapitre**, nous introduisons le convertisseur statique ainsi que les principes de base pour l'analyse de son comportement. Ensuite, les différentes techniques de modélisation de ce système seront présentées avec leurs propriétés ainsi que leurs limites respectives. Afin de mieux appréhender les comportements non linéaires du convertisseur, quelques outils d'analyse nécessaires seront rappelés à la fin de ce chapitre.

Dans **le second chapitre,** on s'intéressera à la technique de modélisation discrète des convertisseurs. Deux techniques largement utilisées dans la littérature [Ban, 01], [Tse, 03], seront analysées. Ensuite à partir de leurs inconvénients et de leurs limites, nous proposons d'introduire quelques améliorations afin d'assurer une meilleure description du comportement du système; à la fois quantitative et qualitative, sans pour autant alourdir le calcul. Le modèle ainsi développé sera ensuite utilisé pour explorer et analyser les différents comportements non linéaires du convertisseur.

Dans **le troisième chapitre**, l'objectif est la synthèse d'un contrôleur flou pour la régulation de la tension de sortie du convertisseur statique. Après avoir donné un bref aperçu sur la commande par logique floue ainsi que la motivation du choix de la structure du contrôleur, nous synthétisons un contrôleur flou basé sur le modèle à petits signaux du convertisseur. Il s'agit d'exploiter l'analogie entre notre contrôleur et le PID classique pour le réglage des gains en utilisant les méthodes de mise en œuvre de ce dernier.

Dans **le dernier chapitre**, l'intérêt s'est porté sur les comportements non linéaires et anormaux du convertisseur. L'objectif étant d'assurer à la fois la stabilité du système bouclé et sa régulation par le contrôleur flou. Notre contribution porte essentiellement sur le développement d'une méthode de synthèse systématique d'un contrôleur flou stabilisant. L'originalité de cette approche par rapport à celles développées dans la littérature réside dans la définition des intervalles pour les paramètres afin d'assurer la stabilité du système bouclé. Ensuite, cette stabilité a été étendue à la stabilité structurelle du convertisseur dans le but de montrer que le contrôleur synthétisé permet de garder le système en fonctionnement normal (période 1) et ainsi supprimer les comportements anormaux qui rendent difficiles ou impossibles l'analyse et la prédiction du comportement du convertisseur.

Chapitre 1

Généralités

I. 1.   Introduction

L'énergie électrique, entre sa production initiale et son utilisation finale, doit très souvent subir de multiples conversions afin de s'adapter aux besoins du consommateur. Vu son faible coût et son rendement élevé, l'électronique de puissance devient, de plus en plus, la solution optimale pour conditionner l'énergie électrique. Ainsi, une des branches de l'électrotechnique ayant subie une évolution technologique importante, est celle des convertisseurs statiques qui ont vu une nette amélioration de leur rendement.

Le convertisseur statique réalise la conversion d'énergie via la commutation, d'une façon cyclique, mais pas nécessairement périodique, entre un nombre fixe de configurations de son circuit. Ceci conduit à un système non linéaire variant dans le temps. De ce constat, l'analyse du convertisseur ainsi que sa mise en oeuvre nécessitent l'utilisation des méthodes non linéaires telle que l'approximation de la réponse du système dans un cycle de commutation par sa valeur moyenne pour la modélisation, la théorie de passivité pour la commande [Rod, 00] et le plan de phase [Ban, 01] pour l'analyse. Cependant, quelque soit l'objectif à atteindre, la validité des résultats obtenus demeure liée directement au modèle utilisé.

Afin de simplifier l'analyse et la commande des convertisseurs, une linéarisation du comportement moyen du convertisseur autour d'un point de fonctionnement donné est généralement adoptée [Ahm, 03], [Raf, 03], [Vid, 04]. Néanmoins, la simplicité obtenue est au prix de la validité restreinte du modèle dans une petite zone autour de ce point. De plus, le modèle linéaire obtenu ne permet pas d'expliquer les comportements anormaux exhibés par le convertisseur sous certaines conditions de fonctionnement.

Le modèle moyen étant non linéaire permet une description meilleure du comportement sur une période d'horloge. Cette technique de modélisation a été développée pour les convertisseurs statiques d'abord par Middlebrook et Ćuk [Mid, 76]. Elle a ensuite été affinée et généralisée dans [Sir, 89], [Kre, 90] et [Wit, 90]. Quelques exemples sur l'extension et la mise en forme compacte du modèle moyen sont présentés dans [Aln, 00]. Néanmoins, l'utilisation de la valeur moyenne présente certaines limitations. En effet, l'information sur le comportement du convertisseur dans un cycle de commutation est perdue. De plus, la fréquence de commutation n'apparaît pas dans l'expression du modèle en mode de conduction continue. Cette fréquence peut influer sur le comportement du système et peut même changer son mode de conduction [Tse, 03].

Afin de résoudre ce problème, et de décrire l'évolution du système d'un cycle de fonctionnement à un autre, la modélisation discrète peut être une alternative [Ban, 98], [Che, 98], [Tse, 02], [Gue, 05b]. Bien que l'expression du modèle soit plus complexe que la précédente, elle paraît plus adéquate pour les deux raisons suivantes :

    i)   le fonctionnement du convertisseur statique est cyclique et une telle méthode nous permet de conclure sur plusieurs caractéristiques du système telles que, la période de fonctionnement et la stabilité [Cha, 97], [Ban, 01].

    ii)   elle est plus appropriée à la mise en oeuvre des contrôleurs numériques qui deviennent de plus en plus utilisés dans l'industrie. De plus, vu qu'elle s'intéresse à l'évolution du système d'un cycle d'horloge à un autre, elle permet de réduire efficacement le temps de calcul et l'espace mémoire utilisé. Néanmoins, une attention particulière doit être prêtée aux dynamiques zéros du système lors de l'étude de la stabilité [Ast, 84], [Mon, 88].

Dans ce chapitre, on présentera les notions de base permettant d'analyser le comportement d'un convertisseur statique aussi bien en régime permanent qu'en régime transitoire. Ensuite, on donnera un aperçu sur les techniques de modélisation les plus utilisées dans la littérature ainsi que leurs avantages et inconvénients. Parmi celles-ci, on peut citer le modèle discret qui est considéré comme étant un modèle non linéaire. Cette propriété est utilisée pour l'analyse et l'exploration des différents comportements anormaux et chaotiques pouvant apparaître lors du fonctionnement du convertisseur à l'aide d'un arsenal d'outils dont on présentera quelques un dans la dernière section.

I. 2. Généralités

Les convertisseurs statiques gèrent l'énergie électrique dans des processus industriels de plus en plus complexes et variés. Aussi, leurs structures se diversifient pour mieux satisfaire des exigences toujours plus poussées. Par ailleurs, ils utilisent le même principe : à partir d'une source d'énergie donnée, on doit obtenir l'énergie désirée en imposant, à travers l'organe de commande, une série de commutations aux interrupteurs.

Selon la transformation d'énergie réalisée par le convertisseur, on peut distinguer les quatre familles suivantes :

- les redresseurs : permettent de convertir une tension alternative en une tension continue,

- les hacheurs : assurent la conversion continue - continue en agissant sur l'amplitude de la sortie,

- les onduleurs : ont pour objectif de transformer une tension continue en une alternative,

- les gradateurs ou les cyclo-convertisseurs : délivrent une tension alternative à partir d'une source aussi alternative en agissant sur l'amplitude et / ou la fréquence.

Dans le cadre de notre travail, nous restreindrons notre étude aux hacheurs et plus particulièrement au survolteur connu sous le nom de « boost ». Ce choix est motivé par sa large gamme d'utilisation. En effet, on peut le rencontrer dans des applications dont la consommation varie d'un watt (systèmes électroniques embarqués), à une centaine, voire un millier de watts (équipements bureautiques ou informatiques).

I.2.1. Principe de fonctionnement du convertisseur « boost »

Un convertisseur boost peut être représenté par le circuit de la figure 1-1, où V_g représente la tension d'alimentation, i_L le courant traversant l'inductance L, sw un commutateur électronique, VD une diode, v_C la tension aux bornes du condensateur C et $u_o(t)$ la tension de sortie aux bornes de la charge résistive R. Par ailleurs, il est à noter que la commutation est considérée instantanée et la tension de seuil de la diode VD est nulle.

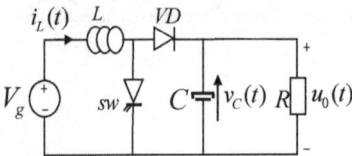

Figure 1-1 Convertisseur boost

Le fonctionnement de ce type de convertisseur peut être résumé comme suit :

La tension de sortie est obtenue en agissant sur le commutateur *sw* qui est commandé en ouverture et en fermeture. En fermant *sw* , on charge l'inductance L puis on ouvre *sw* pour transférer l'énergie emmagasinée vers la charge. Sur une période fixe T , on définit le rapport cyclique du convertisseur comme étant le rapport entre la durée de fermeture $t_{fermeture}$ et la période T : $d = \dfrac{t_{fermeture}}{T}$.

I.2.2. Comportement du convertisseur

La mise en oeuvre d'un convertisseur statique nécessite au préalable le dimensionnement de ses éléments. Ceci requière une analyse de son comportement en régime permanent comme en régime transitoire. Dans ce qui suit, nous présentons d'abord les principes caractérisant le comportement du convertisseur en régime permanent, puis cette analyse sera étendue au comportement transitoire du système. Il s'agit, dans les deux cas, de décrire analytiquement l'évolution des variables d'état et de la sortie du convertisseur.

I.2.3. Comportement en régime permanent

Un bon dimensionnement des éléments du convertisseur mène, en régime permanent, à un comportement périodique de période T et une tension de sortie la plus lisse possible. Dans ce cas, le système satisfait en régime permanent les deux principes suivants :

- ✓ Faible ondulation de la tension de sortie
- ✓ Périodicité de l'état du système

I.2.3.1. Faible ondulation de la tension de sortie

Ce principe nous permet d'obtenir une description de l'évolution de la sortie du convertisseur. En effet, dans le cas d'un convertisseur idéal, la tension de sortie peut être parfaitement lisse. Cependant, il est difficile si ce n'est pas impossible d'atteindre cet objectif. De plus, les harmoniques dans le signal de sortie ne peuvent pas être totalement éliminées par le biais du filtre passe-bas placé avant la sortie du convertisseur (figure 1-1). Par conséquent, la tension de sortie peut être considérée comme étant la somme d'une composante continue U_o et d'une faible ondulation résiduelle u_h :

$$u_o(t) = U_o + u_h(t) \qquad (1-1)$$

Finalement, le dimensionnement du convertisseur dépendra directement de la valeur maximale de u_h à partir de laquelle on peut la considérer négligeable. Dans ce cas, le signal de sortie peut être approximé par sa composante continue, i.e. $u_o(t) \approx U_o$.

I.2.3.2. Périodicité de l'état du système

Ce principe a pour objectif la description de l'état du système ; à savoir le courant i_L dans l'inductance L, et la tension v_C aux bornes du condensateur C. Comme le fonctionnement du « boost » se base sur le transfert d'énergie de l'inductance vers la charge, la condition de périodicité de l'état du système (i_L, v_C) exige que ce transfert soit total.

Si l'on note la tension aux bornes de l'inductance L par :

$$v_L(t) = L \frac{di_L(t)}{dt} \qquad (1-2)$$

et la variation du courant à travers celle-ci sur une période de commutation $T = [t_i, t_f]$ par :

$$i_L(t_f) - i_L(t_i) = \frac{1}{L} \int_{t_i}^{t_f} v_L(t) dt = \frac{T}{L} \langle v_L \rangle_T \qquad (1-3)$$

Il résulte à la fin de la période que $i_L(t_f) = i_L(t_i)$ et par conséquent, la valeur moyenne de v_L doit être nulle ($\langle v_L \rangle_T = 0$). De la même manière, la variation de la tension v_C aux bornes du condensateur est donnée par :

$$v_C(t_f) - v_C(t_i) = \frac{1}{C} \int_{t_i}^{t_f} i_C(t) dt = \frac{T}{C} \langle i_C \rangle_T \qquad (1-4)$$

et par conséquent en régime permanent sa valeur moyenne $\langle i_C \rangle_T$ doit également s'annuler.

Finalement, le bon dimensionnement des éléments du convertisseur doit satisfaire le principe de la faible ondulation et celui de la périodicité de l'état du système ($\langle v_L \rangle_T = 0$ et $\langle i_C \rangle_T = 0$).

I.2.4. Comportement en régime transitoire

En régime transitoire, le comportement non périodique du système et la présence de fortes ondulations ne permettent pas d'appliquer les principes précédemment mentionnés. Dans ce cas, l'analyse du système peut se faire à l'aide de la technique de la valeur moyenne glissante [Eri, 99].

Lorsque le commutateur *sw* est fermé, le convertisseur peut être décrit par :

$$\frac{d}{dt}i_L(t) = \frac{\langle v_g(t)\rangle_T}{L} \tag{1-5a}$$

$$\frac{d}{dt}v_C(t) = -\frac{\langle v_C(t)\rangle_T}{RC} \tag{1-5b}$$

Si *sw* est ouvert, le système sera alors donné par :

$$\frac{d}{dt}i_L(t) = \frac{\langle v_g(t)\rangle_T}{L} - \frac{\langle v_C(t)\rangle_T}{L} \tag{1-6a}$$

$$\frac{d}{dt}v_C(t) = \frac{\langle i_L(t)\rangle_T}{C} - \frac{\langle v_C(t)\rangle_T}{RC} \tag{1-6b}$$

Si l'on considère maintenant que le commutateur reste fermé pendant dT secondes et ouvert durant le reste de la période $(d'T = (1-d)T)$, l'état du système sera donné par l'expression récursive suivante :

$$i_L\big((n+1)T\big) = i_L\big(nT\big) + \left(\frac{\langle v_g(t)\rangle_T - d'\langle v_C(t)\rangle_T}{L}\right)T \tag{1-7a}$$

$$v_C\big((n+1)T\big) = v_C\big(nT\big) + \left(\frac{\langle i_L(t)\rangle_T}{C}d' - \frac{\langle v_C(t)\rangle_T}{RC}\right)T \tag{1-7b}$$

La figure 1-2 donne une illustration du comportement typique du convertisseur durant le régime transitoire.

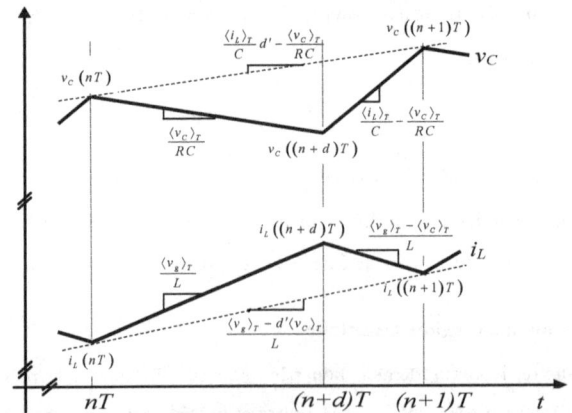

Figure 1-2 Evolution typique de l'état du système en régime transitoire

I. 3.   Modes de conduction

Selon l'évolution du courant dans l'inductance, il existe deux modes de conduction. Le convertisseur fonctionne en mode de conduction continue (MCC) si le courant ne s'annule jamais dans l'inductance : le commutateur *sw* et la diode *VD* ne sont jamais bloqués en même temps. Si ces derniers sont unidirectionnels en courant et/ou en tension, le courant d'inductance peut s'annuler, donnant naissance à un mode dit de conduction discontinue (MCD). Dans ce cas, le principe de la faible ondulation ne peut être appliqué, car l'ondulation du courant sera plus importante que sa valeur moyenne. Ceci a pour conséquence l'augmentation de l'impédance de sortie et l'apparition d'une dépendance entre le rapport cyclique et la charge.

Dans notre travail, on s'intéresse à préserver le mode de conduction continue. Pour cela, on présentera dans ce qui suit les conditions de passage d'un mode à un autre. Ainsi, selon l'état du commutateur *sw* et de la diode *VD*, on obtient deux configuration en MCC (Fig. 1-3) et trois en MCD (Fig. 1-4).

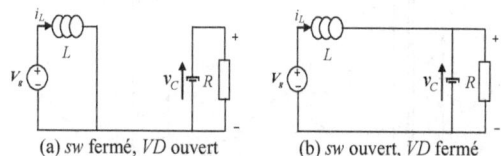

    (a) *sw* fermé, *VD* ouvert   (b) *sw* ouvert, *VD* fermé

Figure 1-3 Mode de conduction continue

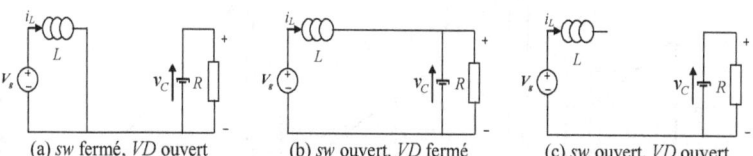

  (a) *sw* fermé, *VD* ouvert   (b) *sw* ouvert, *VD* fermé   (c) *sw* ouvert, *VD* ouvert

Figure 1-4 Mode de conduction discontinue

En MCC, la première configuration (Fig. 1-3a) peut être décrite analytiquement par :

$$\frac{d}{dt}i_L(t) = \frac{V_g}{L}\tag{1-8a}$$

$$\frac{d}{dt}v_C(t) = -\frac{1}{CR}v_C(t)\tag{1-8b}$$

Et la deuxième (Fig. 1-3b) par :

$$\frac{d}{dt}i_L(t) = \frac{V_g}{L} - \frac{v_C(t)}{L} \tag{1-9a}$$

$$\frac{d}{dt}v_C(t) = \frac{1}{CR}\left(Ri_L(t) - v_C(t)\right) \tag{1-9b}$$

Dans le cas où le MCD est activé, le système passera à la troisième configuration (Fig. 1-4c) qu'on peut définir par :

$$\frac{d}{dt}i_L(t) = 0 \tag{1-10a}$$

$$\frac{d}{dt}v_C(t) = -\frac{1}{CR}v_C(t) \tag{1-10b}$$

Le mode de conduction est défini en comparant l'ondulation du courant d'inductance Δi_L avec sa valeur moyenne $\langle i_L \rangle_T$ en régime permanant comme l'illustre la figure 1-5.

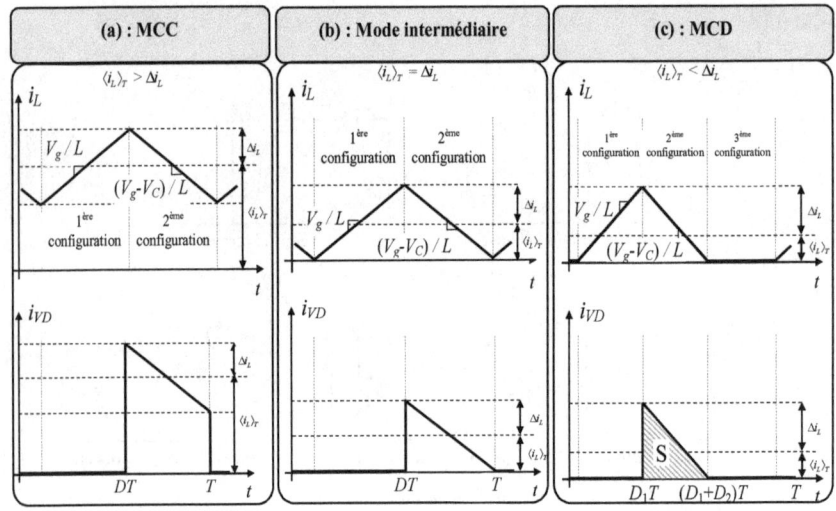

Figure 1-5 Passage de la conduction continue à la conduction discontinue

On considère que le convertisseur fonctionne initialement en MCC. On définit par DT le temps de séjour dans la première configuration et $(1-D)T$ celui dans la seconde. Dans ce cas, l'ondulation du courant $\Delta i_{L_{MCC}}$ peut être donnée par :

$$\Delta i_{L_{MCC}} = \frac{V_g DT}{2L} \tag{1-11}$$

et sa valeur moyenne $\langle i_L \rangle_{T_{MCC}}$ par :

$$\langle i_L \rangle_{T_{MCC}} = \frac{V_g}{R(1-D)^2}$$ (1-12)

Le convertisseur fonctionne en MCC si $\Delta i_{L_{MCC}} < \langle i_L \rangle_{T_{MCC}}$, ce qui est équivalent à :

$$D(1-D)^2 < \frac{2L}{RT}$$ (1-13)

La figure 1-6 donne une illustration de cette condition. Ainsi, pour le fonctionnement en MCC, les valeurs de l'inductance et de la fréquence de commutation doivent être choisies de telle sorte que le seuil $(2L/RT)$ soit supérieur à 4/27 [Eri, 99].

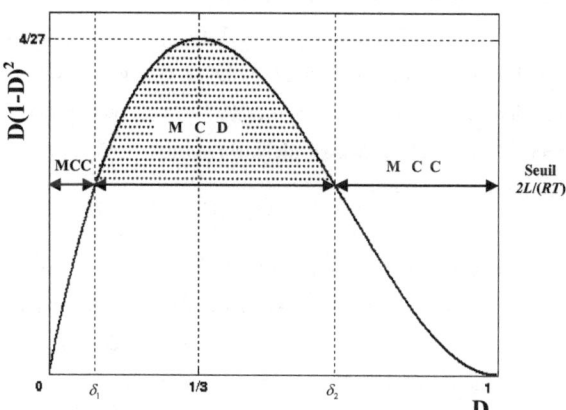

Figure 1-6 Zones des conductions : continue et discontinue

En MCC le rapport de conversion du convertisseur boost est donné par $M = 1/(1-D)$, alors qu'en MCD, on à :

$$M = \frac{V_C}{V_g} = \frac{D_1 + D_2}{D_2}$$ (1-14)

où $D_1 T$ et $D_2 T$ sont les temps de séjour dans la première et la seconde configuration respectivement. Le calcul de l'ondulation du courant d'inductance Δi_L nécessite la détermination de D_2. Pour cela une nouvelle variable correspondant au courant de la diode (i_{VD}) est introduite.

À l'équilibre, il y a d'un côté $\langle i_C \rangle_T = \langle i_{VD} \rangle_T - V_C / R$ et de l'autre, la surface (S) (Fig. 1-5) qui donne la valeur moyenne du courant de la diode par $\langle i_{VD} \rangle_T = S / T$. Ceci mène à la relation suivante :

$$\frac{V_C}{R} = \frac{V_g D_1 D_2 T}{2L} \tag{1-15}$$

En combinant (1-14) et (1-15) nous obtenons :

$$M = \frac{1 + \sqrt{1 + 4D_1^2 \left(\dfrac{RT}{2L} \right)}}{2} \tag{1-16}$$

Contrairement au cas du MCC, le rapport de conversion en MCD est une fonction de L, de T et, essentiellement, de la charge R qui varie selon l'application.

I. 4.   Modes de commande

Pour obtenir la tension désirée à la sortie du convertisseur, plusieurs contrôleurs ont été utilisés. Parmi ces derniers, on peut citer la rétroaction (feedback) qui a comme entrée l'erreur entre la tension de sortie et la référence, et comme sortie le rapport cyclique à appliquer au convertisseur. Si l'on désire introduire aussi le courant d'inductance, on peut utiliser dans ce cas ce que l'on appelle « un retour d'état complet ». A partir de la nature de l'entrée du contrôleur, il en résulte deux modes de commande [Kre, 98] :

(i)   mode tension où seule une mesure partielle de l'état est nécessaire (tension de sortie). Ce mode de commande présente l'avantage d'être à la fois simple et **direct**. L'erreur entre la tension de sortie et celle de la référence est utilisée comme entrée du correcteur, qui est suivi par un bloc MLI forçant le convertisseur à commuter entre ses configurations pour atteindre la référence. Néanmoins, son utilisation pour les convertisseurs ayant une réponse à phase non minimale (boost, buck-boost) peut conduire le système bouclé à l'instabilité [Sir, 97].

(ii)   mode courant où la mesure de l'état est complète comme montré sur la figure 1-7. La régulation de la tension de sortie est assurée **indirectement** via le réglage du courant d'inductance [Tse, 03]. De ce fait, ce mode est recommandé pour les convertisseurs boost et buck-boost ayant une réponse à phase non minimale [Sev, 85], [Sir, 97].

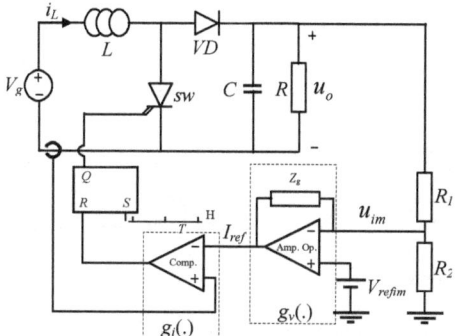

Figure 1-7 Mode de commande en courant

I. 5. Effet des imperfections des éléments du convertisseur

Cette section est dédiée à l'étude des effets des imperfections au niveau des composants du convertisseur. Il s'agit des résistances internes r_L, r_{sw}, r_{VD} et r_C des éléments L, sw, VD et C respectivement. Le schéma du convertisseur dans ce cas est donné par la figure 1-8.

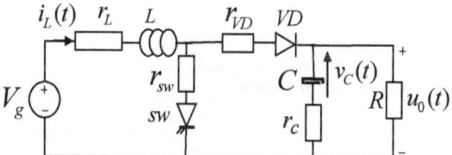

Figure 1-8 Convertisseur boost avec les imperfections

Le rapport de conversion du convertisseur de la figure 1-8 devient donc :

$$M = \left(\frac{1}{1-D}\right)\left(\frac{1}{1+\dfrac{r_L + Dr_{sw} + (1-D)r_{VD}}{(1-D)^2 R}}\right) \tag{1-17}$$

Le premier terme $1/(1-D)$ correspond au rapport de conversion dans le cas où le convertisseur serait idéal et le second représente le rendement du convertisseur. L'effet de ces imperfections sur le rapport de conversion est illustré par la figure 1-9.

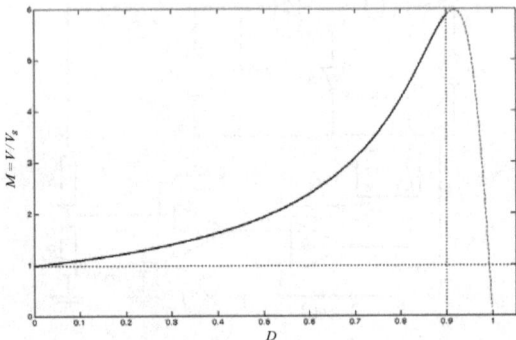

Figure 1-9 Effet de l'imperfection des éléments sur le rapport de conversion

Nous constatons qu'à partir d'une certaine valeur du rapport cyclique, l'effet des imperfections devient prédominant et change complètement le fonctionnement du convertisseur. En effet, pour des valeurs supérieures à 0.9, on obtient un comportement inversé, d'où la nécessité de limiter le rapport cyclique à 0.9. De plus cette limitation permet d'éviter de court-circuiter la source d'alimentation.

I. 6. Modélisation du convertisseur boost

Pour analyser le comportement du convertisseur et synthétiser un contrôleur adéquat permettant d'atteindre les performances désirées, la modélisation constitue une étape nécessaire. Cette section présente les principales modélisations présentées dans la littérature avec leurs avantages et inconvénients.

Les convertisseurs statiques présentent la caractéristique d'être linéaires par morceaux [Eri, 99]. Ceci nous permet d'obtenir des modèles linéaires, pour chaque configuration, de la forme :

$$\dot{x} = A_i x + B_i V_g \qquad (1\text{-}18)$$

où $x = \begin{bmatrix} i_L & v_C \end{bmatrix}^T$ est l'état du système, A_i et B_i sont les matrices d'état dans la $i^{ème}$ configuration $(i = 1,\ 2$ en MCC et $i = 1,\ 2,\ 3$ en MCD).

En utilisant (1-18), nous présenterons dans ce qui suit quelques méthodes de modélisation des convertisseurs statiques.

I.6.1. Modèle détaillé

Ce modèle est généralement conçu pour la vérification ainsi que la validation des autres techniques de modélisation ou de commande. Il s'agit de la résolution exacte des équations différentielles représentant le système dans chaque configuration. En effet, si l'on considère que le convertisseur peut être décrit par (1-18) dans chaque configuration, la solution exacte peut être donnée par :

$$x_i(t) = e^{A_i(t-t_0)}(x_i(t_0) + A_i^{-1} B_i V_g) - A_i^{-1} B_i V_g \qquad (1\text{-}19)$$

Le modèle détaillé est obtenu en utilisant l'état final de la configuration précédente comme valeur initiale de l'état de la configuration actuelle.

Remarque :

Sur une période d'horloge, l'ordre de succession des configurations est fixe comme montré sur la figure 1-4. La première configuration est activée par l'impulsion d'horloge, le passage à la seconde est conditionné par l'arrivée à la référence et l'annulation du courant d'inductance conduira à la troisième configuration.

I.6.2. Modèle moyen

La mise en œuvre d'un contrôleur pour les convertisseurs statiques nécessite un modèle dynamique du convertisseur au lieu de la représentation statique suivante :

$$V = V_g M(D, R) \qquad (1\text{-}20)$$

Le modèle dynamique recherché doit exprimer l'effet de la variation de la tension d'alimentation, de la commande (rapport cyclique) et de la charge sur la tension de sortie. Pour avoir un modèle simple à manipuler mathématiquement, on doit se limiter à l'approximation de chaque signal par sa composante continue et sa première composante alternative. Le modèle moyen ne conserve que la dynamique du système relative aux basses fréquences.

Si l'on considère que le convertisseur séjourne dans la $i^{ème}$ configuration décrite par (1-18) pendant une durée $d_i T$, le modèle moyen est donné par :

$$\langle \dot{x} \rangle_T = \sum_{i=1}^{N} d_i \left(A_i \langle x \rangle_T + B_i V_g \right) \qquad (1\text{-}21)$$

où N est le nombre des configurations du convertisseur suivant le mode de conduction choisi et on a $\sum_{i=1}^{N} d_i = 1$.

Remarque : D'autres travaux utilisent le modèle moyen du commutateur pour avoir une description moyenne du système global [Dij, 95], [Rea, 02], [Bry, 04]. Ce choix est motivé par le fait que la dynamique des hautes fréquences est introduite par le commutateur.

Dans le cas du convertisseur boost de la figure 1-8 fonctionnant en MCC, la fermeture du commutateur sw implique que le système est décrit par :

$$L\frac{d}{dt}i_L(t) = v_g(t) - (r_L + r_{sw})i_L(t) \tag{1-22a}$$

$$C\frac{d}{dt}v_C(t) = -\frac{v_C(t)}{R + r_C} \tag{1-22b}$$

$$u_o(t) = \frac{R}{R + r_C}v_C(t) \tag{1-22c}$$

Alors que son ouverture met le système dans sa deuxième configuration exprimée par :

$$L\frac{d}{dt}i_L(t) = v_g(t) - \left(r_L + r_{VD} + \frac{Rr_C}{R + r_C}\right)i_L(t) - \frac{R}{R + r_C}v_C(t) \tag{1-23a}$$

$$C\frac{d}{dt}v_C(t) = \frac{1}{R + r_C}\left(Ri_L(t) - v_C(t)\right) \tag{1-23b}$$

$$u_o(t) = \frac{R}{R + r_C}\left(v_C(t) + r_C\,i_L(t)\right) \tag{1-23c}$$

On considère qu'il n'y a pas de commutations multiples dans un cycle d'horloge i.e. $\langle d\rangle_T = d$, que le système séjourne dans la première configuration pendant $d(t)T$ et dans la seconde $d'(t)T = (1 - d(t))T$. Le modèle moyen est obtenu par la pondération de l'état du système dans la première configuration (1-22) et dans la deuxième (1-23) respectivement par le rapport cyclique $d(t)$ et son complément $d'(t)$. En effet, le modèle moyen sera donné par :

$$\langle\dot{x}\rangle_T(t) = A_x\langle x(t)\rangle_T + (1 - d(t))A_d\langle x(t)\rangle_T + B(t) \tag{1-24a}$$

$$\langle u_o(t)\rangle_T = C_x\langle x(t)\rangle_T + (1 - d(t))C_d\langle x(t)\rangle_T. \tag{1-24b}$$

où $\qquad B(t) = \begin{bmatrix} \dfrac{\langle v_g\rangle_T(t)}{L} & 0 \end{bmatrix}^T$, $\qquad C_x = \begin{bmatrix} 0 & \dfrac{R}{R + r_C} \end{bmatrix}$, $\qquad C_d = \begin{bmatrix} \dfrac{Rr_C}{R + r_C} & 0 \end{bmatrix}$,

$$A_x = \begin{bmatrix} \dfrac{-(r_L + r_{sw})}{L} & 0 \\ 0 & -\dfrac{1}{C(R + r_C)} \end{bmatrix} \text{ et } A_d = \begin{bmatrix} -\dfrac{1}{L}\left(-r_{sw} + r_{VD} + \dfrac{Rr_C}{R + r_C}\right) & -\dfrac{R}{L(R + r_C)} \\ \dfrac{R}{C(R + r_C)} & 0 \end{bmatrix}.$$

Pour présenter les performances du modèle moyen, on considère le convertisseur avec les paramètres suivants : $V_g = 15V$, $L = 20\,mH$, $r_L = 0.75\Omega$, $C = 20\,\mu F$, $r_C = 0.2\Omega$, $r_{sw} = 0.3\Omega$, $r_{VD} = 0.24\Omega$ et $R = 30\Omega$. La figure 1-10 illustre les réponses du système avec le modèle détaillé ainsi que celle avec le modèle moyen. La tension de sortie est forcée d'atteindre trois niveaux de tension $30V$, $45V$ et $60V$. Les réponses montrent que le modèle moyen suit bien la moyenne glissante du modèle détaillé. Au moment de la variation de la consigne, on note que la fonction reliant la tension de sortie à la commande (rapport cyclique) est à phase non minimale. De ce fait, certains types de commandes [Sir, 97] ne pourront pas assurer la stabilité du système global en schéma de commande **directe**.

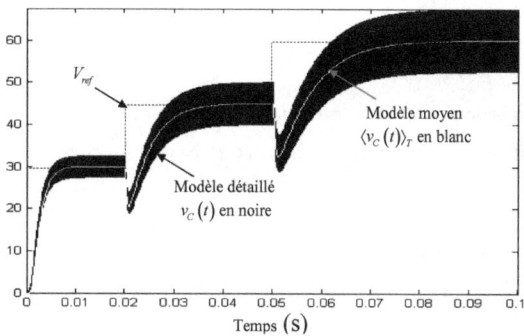

Figure 1-10 Réponse du système avec le modèle moyen

Le model moyen (1-24) décrit certes une partie de la non linéarité du convertisseur, néanmoins, il néglige l'effet de la fréquence de commutation. Celle-ci est un élément central dans la prédiction du comportement du système et elle permet la détermination du mode de fonctionnement du convertisseur.

I.6.3. Modèle à petits signaux

Malgré l'absence de la fréquence de commutation dans le modèle moyen, des non linéarités apparaissent dans celui-ci. Ceci ne permet pas d'utiliser les méthodes classiques d'analyse et de commande du convertisseur avec ce modèle. Afin de remédier à ce problème, un modèle dit à petits signaux peut être une alternative. Il s'agit de linéariser le modèle moyen autour d'un point de fonctionnement donné. Pour cela, on considère que chaque variable $\langle y \rangle_T$ est la somme d'une composante continue Y représentant le point de fonctionnement et une petite variation $\hat{y}$ autour de celui-ci, i.e. $\langle y \rangle_T = Y + \hat{y}$ avec $\hat{y} \square\ Y$. Ainsi, le système d'équation (1-24) sera composé de trois termes : une composante continue qui englobe les différents paramètres du point de fonctionnement (régime permanent), une composante variable du premier ordre décrivant les variations du système autour du point de fonctionnement et une troisième composante, variable du deuxième ordre. Etant donné que la valeur de la dernière composante est négligeable par rapport à celle des deux premières, on peut n'utiliser que celles-ci pour approximer le comportement du système et l'analyser en composante continue et variable.

I.6.3.1. Analyse en composante continue

En utilisant la composante continue, le point de fonctionnement peut être représenté par celle du rapport cyclique ($D = 1 - D'$) donnée par la solution de l'équation suivante :

$$D'^2 \left[\frac{R^2}{R+r_C} \right] + D' \left[-r_{SW} + r_{VD} + \frac{Rr_c}{R+r_c} - R\frac{V_g}{U_o} \right] + \left(r_L + r_{SW} \right) = 0 \qquad (1\text{-}25)$$

Après avoir déterminé le point de fonctionnement, on doit synthétiser un modèle linéaire autour de ce point permettant de relier la variation de la tension à celle du rapport cyclique.

I.6.3.2. Analyse en composante variable

En négligeant les termes du deuxième ordre et en n'utilisant que ceux du premier ordre, nous obtenons le modèle linéaire suivant :

$$L\frac{d}{dt}\hat{i}_L(t) = \hat{v}_g(t) - \alpha_1 \hat{i}_L(t) + \alpha_2 \hat{d}(t) - \frac{RD'}{R+r_C}\hat{v}_C \qquad (1\text{-}26a)$$

$$C\frac{d}{dt}\hat{v}_C(t) = \frac{1}{R+r_C}\left[RD'\hat{i}_L(t) - \hat{v}_C(t) - RI_L\hat{d}(t) \right] \qquad (1\text{-}26b)$$

$$\hat{u}_o(t) = \frac{R}{R+r_C}\left[\hat{v}_C(t) + r_C D'\hat{i}_L(t) - r_C I_L \hat{d}(t) \right] \qquad (1\text{-}26c)$$

avec $\alpha_1 = r_L + Dr_{sw} + D'r_{VD} + \frac{D'Rr_C}{R+r_C}$ et $\alpha_2 = \alpha_{22}I_L = \left(-r_{sw} + r_{VD} + \frac{Rr_C}{R+r_C} + \frac{R^2 D'}{R+r_C} \right)I_L$.

Ce système est transformé et donné sous la forme de fonctions de transfert. La première décrit l'effet de la variation du rapport cyclique sur le courant d'inductance par :

$$W_{id} = \frac{\hat{i}_L(s)}{\hat{d}(s)} = K_{id}\frac{\left(1 + \dfrac{s}{\omega_4} \right)}{\left(\dfrac{s}{\omega_2} \right)^2 + \dfrac{s}{Q\omega_2} + 1} \qquad (1\text{-}27)$$

où $K_{id} = \dfrac{R}{R'^2} V_g \left[\dfrac{r_{VD} - r_{sw}}{R} + 1 + \dfrac{R}{R + r_C} (1 - 2D) \right]$,

$$\omega_4 = \dfrac{2 \left[\dfrac{(r_{VD} - r_{sw})}{2R^2 D'} (R + r_C) + \dfrac{r_C}{2RD'} + 1 \right]}{C(R + r_C) \left[1 + \dfrac{r_C}{RD'} + \dfrac{(r_{VD} - r_{sw})(R + r_C)}{R^2 D'} \right]}, \quad \omega_2 = \sqrt{\dfrac{R'}{LC(R + r_C)}} \quad \text{et}$$

$$Q = \sqrt{R'(R + r_C)} \sqrt{\dfrac{C}{L}} \dfrac{1}{1 + \dfrac{C}{L} \left[Rr_C + r_C r_L + Rr_C D' + (R + r_C)(Dr_{sw} + D'r_{VD}) \right]}.$$

alors que la seconde donne son effet sur la tension de sortie du convertisseur par :

$$W_{ud} = \dfrac{\hat{u}_O}{\hat{d}} = K_{ud} \dfrac{\left(1 + \dfrac{S}{\omega_3}\right)\left(1 - \dfrac{S}{\omega_1}\right)}{\left(\dfrac{S}{\omega_2}\right)^2 + \dfrac{1}{Q} \dfrac{S}{\omega_2} + 1} \tag{1-28}$$

où $K_{ud} = \dfrac{R}{R'^2} \left(-r_{SW} - r_L + \dfrac{(RD')^2}{R + r_C} \right) V_g$, $\omega_1 = \dfrac{1}{L} \left(\dfrac{(RD')^2}{R + r_C} - r_L - r_{SW} \right)$ et $\omega_3 = \dfrac{1}{Cr_C}$.

Cette fonction de transfert représente une bonne approximation de la dynamique du convertisseur boost autour du point de fonctionnement D. Nous constatons également que cette fonction de transfert est un système à phase non minimale dû à l'existence du zéro inversé ω_1.

L'illustration des performances du modèle à petits signaux est montrée à travers l'exemple du convertisseur boost avec les paramètres suivants : $V_g = 45V$, $L = 2.12mH$, $r_L = 0.74\Omega$, $C = 100\mu F$, $r_C = 0.18\Omega$, $r_{SW} = 0.3\Omega$, $r_{VD} = 0.24\Omega$, et $R = 1.2K\Omega$.

En introduisant une variation de 0.5% autour de $D \square 0.5$ les résultats de simulation obtenus sont montrés sur la figure 1-11.

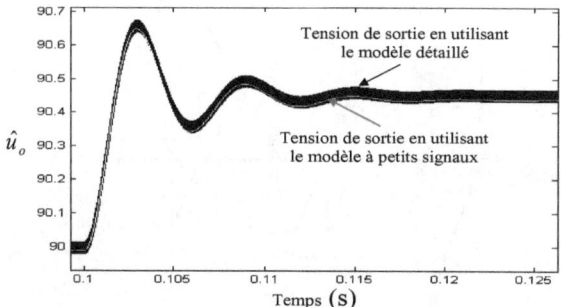

Figure 1-11 Réponse du système avec le modèle à petits signaux

Nous constatons que le comportement du convertisseur est bien décrit par le modèle à petits signaux autour du point de fonctionnement. Par ailleurs, ayant négligé les termes du second ordre, une légère erreur est présente.

I.6.4. Modèle discret

Les méthodes de modélisation, précédemment mentionnées, donnent en continu soit une expression analytique du système (modèles moyen et à petits signaux) soit une description numérique exacte (modèle détaillé) du comportement du système. Néanmoins, si l'on s'intéresse à la compréhension des comportements non linéaires du système tout en obtenant une expression analytique du modèle et sans alourdir le calcul, la modélisation par échantillonnage (observation) de l'état du système (modélisation discrète) peut être une alternative.

Dans cette dernière méthode de modélisation, le choix de l'instant d'échantillonnage est important. En effet, l'opération d'échantillonnage doit fournir le maximum d'informations sur les non linéarités existantes dans le système. Parmi les méthodes d'échantillonnage, on trouve celles basées sur la section de Poincaré développée par Henri Poincaré en 1899 [Poi, 99]. Il s'agit d'une section ou une hyper surface bien choisie dans l'espace d'état du système et l'échantillonnage est effectué à chaque intersection de l'état du système avec la section de Poincaré durant son évolution dans le temps.

Comme le convertisseur statique est un système non autonome, il est préférable donc de choisir une section de Poincaré en fonction du temps [Ban, 01]. Ceci permet d'avoir une relation récursive entre les échantillons consécutifs de l'état du système : $x(k+1) = f\big(x(k)\big)$. Le modèle obtenu est nommé, généralement, la carte itérée, le modèle récurent ou le modèle discret. Une illustration de la méthode d'échantillonnage en fonction du temps est donnée par la figure 1-12.

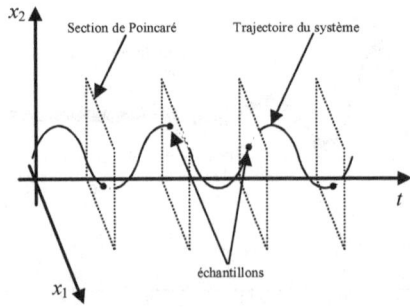

Figure 1-12 Section de Poincaré pour un système non autonome

Dans le domaine des convertisseurs statiques, selon l'instant d'échantillonnage [Ban, 01], trois types de cartes itérées du système peuvent être considérées. En effet, si l'on considère que le convertisseur est commandé en mode tension, la comparaison au niveau du bloc MLI est illustrée dans la figure 1-13.

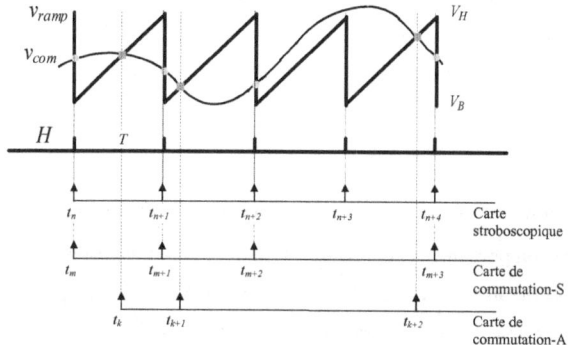

Figure 1-13 Instants d'échantillonnage

La carte stroboscopique est obtenue par échantillonnage périodique de l'état du système à chaque impulsion d'horloge H $(t_n, t_{n+1}, t_{n+2},...)$. Cependant, dans certains cas, il est nécessaire de développer d'autres types de cartes basées sur l'événement de commutation afin de montrer certains comportements du convertisseur qui ne peuvent pas être explorés par la carte stroboscopique. En effet, il se peut qu'il y ait des cycles de MLI sans commutation (cycles sautés) si la tension de commande v_{com} excède la tension de rampe v_{ramp} (Fig. 1-13). Dans ces situations, la carte stroboscopique ne peut pas détecter cette anomalie, d'où l'intérêt d'utiliser une carte de commutation-S permettant d'observer l'état du système à chaque commutation qui coïncide avec une impulsion d'horloge $(t_m, t_{m+1}, t_{m+2},...)$. Ainsi, il est possible de détecter l'anomalie en comparant la période d'échantillonnage avec celle de l'horloge. Si la période d'échantillonnage est supérieure à la période de l'horloge, alors le nombre de cycles sautés peut être calculé.

La carte de commutation-A est obtenue en échantillonnant l'état du système à chaque commutation. Elle correspond à l'intersection du signal v_{com} avec le signal de rampe v_{ramp} $(t_k, t_{k+1}, t_{k+2},...)$ à l'intérieur d'un cycle d'horloge T. La seule différence entre cette carte et la précédente est que la période d'échantillonnage n'est pas forcement multiple de la période d'horloge. Cette carte est généralement utile pour aboutir à une forme fermée de la carte où à une relation explicite entre les échantillons de l'état du système. Ceci facilite l'analyse et la prédiction du comportement du système [Ber, 00].

Dans notre travail, on a choisi d'utiliser la carte stroboscopique tout en considérant qu'il n'y aura pas des cycles sautés. Ce type de cartes est largement utilisé pour l'analyse du fonctionnement des convertisseurs. Ce choix est également motivé par le fait que le système d'échantillonnage est conduit par un signal d'horloge externe (H) indépendant du fonctionnement du convertisseur. Ceci facilite la mise en œuvre d'un module externe pour l'échantillonnage, contrairement aux deux autres cartes reliées à l'état du commutateur et au signal d'horloge, ce qui augmente le prix et la complexité du système d'échantillonnage.

I. 7. Rappel sur les comportements non linéaires des systèmes dynamiques

Afin d'étudier les comportements anormaux exhibés par un convertisseur statique, nous allons rappeler quelques notions utilisées dans le domaine des systèmes dynamiques ainsi que les outils nécessaires pour l'analyse de ces comportements.

I.7.1. Système dynamique

Un système est dit dynamique s'il dispose d'un ensemble de variables d'état indépendantes x, et d'une fonction f qui relie l'état avec sa variation dans le temps :

$$x(n+1) = f(x(n)) \text{ (en discret) ou } \frac{d}{dt}x = f(x) \text{ (en continu)} \qquad (1\text{-}29)$$

Flot et point fixe

On appelle flot du champ de vecteurs f, la famille des solutions de (1-29) donnée par :

$$x_0 \subset \square^n \rightarrow \square^n$$

$$x_0 \rightarrow \varphi_t(x_0) = x(x_0, t) \text{ (resp. } x_0 \rightarrow \varphi_n(x_0) = x(x_0, n))$$

et ayant les propriétés suivantes :

- $\varphi_0(x_0) = x_0$ (resp. $\varphi_0(x_0) = x_0$)

- $\varphi_t(x_0)$ (resp. $\varphi_n(x_0)$) a la même classe que la fonction f

- $\varphi_{t_1+t_2}(x_0) = \varphi_{t_1}(\varphi_{t_2}(x_0))$ (resp. $\varphi_{n_1+n_2}(x_0) = \varphi_{n_1}(\varphi_{n_2}(x_0))$)

On appelle point fixe $x_* = \lim_{t \to \infty} \varphi_t$ ou point d'équilibre, la valeur finale de l'état du système en régime permanant définie par :

$$x_* = x(n) = x(n+1) \text{ (en discret)}, \quad x_* = \{x \mid f(x) = 0\} \text{ (en continu)} \qquad (1\text{-}30)$$

Ces deux notions sont illustrées graphiquement dans la figure 1-14, pour le convertisseur boost décrit par son modèle moyen.

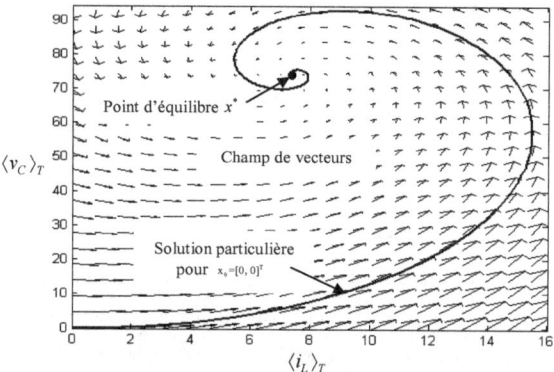

Figure 1-14 Flot et point fixe pour un convertisseur boost

I.7.2. Stabilité structurelle du convertisseur

Il existe plusieurs concepts de la stabilité, parmi lesquelles : la stabilité au sens d'entrée bornée - sortie bornée, la stabilité asymptotique, la stabilité exponentielle. Si le problème de stabilité est discuté pour une condition initiale quelconque, on parle d'une stabilité globale, sinon on parle d'une stabilité locale autour d'un point de fonctionnement donné [Slo, 91].

Dans le cas des systèmes dynamiques, la solution x_* est une orbite. Le terme orbite inclut les solutions de type points fixes, périodiques ou quasi périodiques. La conception du contrôleur pour un tel système est effectuée, généralement, sous l'hypothèse que le système ne change pas la structure de son orbite. L'étude de stabilité de la structure de l'orbite ainsi que les conditions pour lesquelles l'orbite change sa structure fait l'objet de ce qu'on appelle la stabilité structurelle [Sas, 99], [Ber, 05]. Un système dynamique est dit structurellement stable si son plan de phase ne change pas qualitativement en présence de faibles perturbations au niveau de ses paramètres [Pai, 95].

Une méthode d'analyse de ce type de stabilité est basée sur la linéarisation du système en utilisant la notion de la matrice Jacobienne [Tse, 03]. Grâce à cette technique le système linéarisé est décrit par :

$$\begin{pmatrix} x_1(n+1) \\ x_2(n+1) \end{pmatrix} = J \cdot \begin{pmatrix} x_1(n) \\ x_2(n) \end{pmatrix} \text{ (en discret) ou } \frac{d}{dt}\begin{pmatrix} \Delta x_1 \\ \Delta x_2 \end{pmatrix} = J \cdot \begin{pmatrix} \Delta x_1 \\ \Delta x_2 \end{pmatrix} \text{ (en continu)} \qquad (1\text{-}31)$$

$$\text{où } x = \begin{bmatrix} x_1 \\ x_2 \end{bmatrix}, \; x_* = \begin{bmatrix} x_{*1} \\ x_{*2} \end{bmatrix}, \; \begin{pmatrix} \Delta x_1 \\ \Delta x_2 \end{pmatrix} = \begin{pmatrix} x_1 - x_{*1} \\ x_2 - x_{*2} \end{pmatrix}, \; f = \begin{bmatrix} f_1 \\ f_2 \end{bmatrix}, \text{ et } J = \begin{bmatrix} \dfrac{\partial f_1}{\partial x_1} & \dfrac{\partial f_1}{\partial x_2} \\ \dfrac{\partial f_2}{\partial x_1} & \dfrac{\partial f_2}{\partial x_2} \end{bmatrix}_{x=x_*} = \begin{bmatrix} J_{11} & J_{12} \\ J_{21} & J_{22} \end{bmatrix}.$$

La matrice Jacobienne (J) dans le cas continu donne la relation entre la dynamique du système et son état, alors qu'en discret elle donne la relation récursive entre les différents échantillons de l'état du système.

I.7.3. Classification des points fixes

La stabilité du système (1-31) est reliée aux valeurs propres de la matrice Jacobienne. Selon la nature de ses valeurs propres, on peut distinguer plusieurs types de points d'équilibres. En effet, si l'on désigne par $tr(J)$ et $det(J)$ la trace et le déterminant de la matrice J, les valeurs propres de cette matrice sont $\lambda_{1,2} = tr(J) \pm \sqrt{\Delta}$ avec $\Delta = \left(tr(J)\right)^2 - 4\,det(J)$. La figure 1-15 donne une illustration de quelques exemples des points fixes dans le cas d'un système continu [Che, 98].

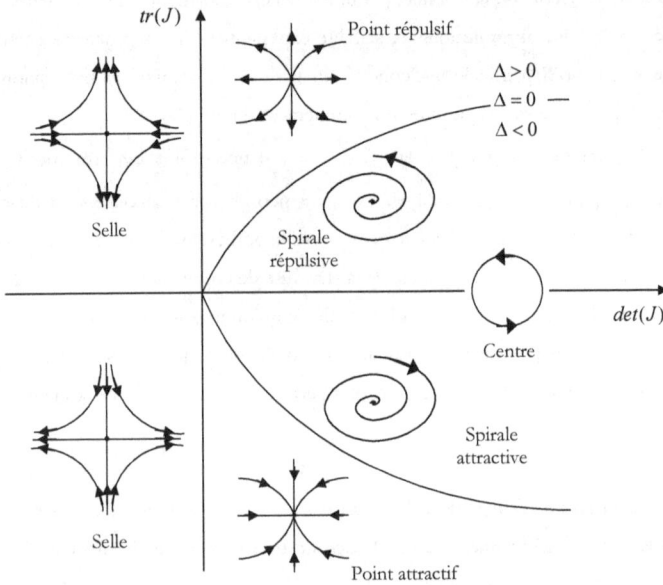

Figure 1-15 Exemples des points fixes d'un système dynamique continu

On note qu'une classification similaire est valable pour les points fixes du système discret. Dans ce cas, la condition de stabilité est donnée par l'amplitude des valeurs propres, i.e. $|\lambda_{1,2}| < 1$.

I.7.4. Attracteurs

L'attracteur est un ensemble, vers lequel un système évolue de façon irréversible en l'absence de perturbations. Si l'on considère que Γ^t représente un opérateur d'évolution qui agit sur une condition initiale $x_0 \in \square^n$ de telle que $\Gamma^t x_0 = x(x_0, t) \in \square^n$, les applications répétées de l'opérateur Γ^t forment un sous espace de $\square^n$ nommé attracteur (X) et caractérisé par [Eck, 81] :

- a) Invariance : un attracteur X est un ensemble invariant du flot du système, i.e. $\Gamma^t X \in X$.

- b) Attractivité : il existe un voisinage U de l'attracteur X ($X \subset U$) de telle sorte qu'une évolution du système initiée dans U reste dans U et s'approche de X avec l'évolution du temps : $\Gamma^t U \subset U, \forall t \geq 0$ et $\Gamma^t U \rightarrow X$ quand $t \rightarrow \infty$.

- c) Récurrence : les trajectoires initiées d'un état dans un sous-ensemble ouvert de l'attracteur X reviennent répétitivement et arbitrairement au même point initial après une évolution du temps arbitrairement large. Les solutions transitoires ou instables ne vérifient pas cette propriété.

- D) Irréductibilité : signifie qu'un attracteur ne peut être décomposé en deux parties distinctes ou en sous attracteurs [Nay, 95].

Le domaine $\Upsilon \subset \square^n$ incluant toutes les conditions initiales x_0 pour lesquelles le système converge vers l'attracteur X avec l'évolution du temps (i.e. $\Gamma^t x_0 \rightarrow X$ quand $t \rightarrow \infty$) est nommé **bassin** ou **domaine d'attraction**. Celui-ci limite la zone d'attractivité de l'attracteur.

I.7.5. Classification des attracteurs

Il existe plusieurs types d'attracteurs : ponctuels, périodiques, quasi périodiques et chaotiques. Cette classification est basée sur le type de la réponse du système en régime permanent [Nay, 95]. L'attracteur ponctuel est caractérisé par un point dans le plan de phase. Contrairement à cet attracteur, le reste des attracteurs sont des solutions dynamiques (variables dans le temps).

I.7.5.1. Attracteur périodique

Un attracteur périodique caractérise les systèmes dynamiques à réponse périodiques (ayant un rapport rationnel entre les fréquences formant le spectre de la réponse du système en régime stationnaire) [Tse, 03]. Cela résulte en une forme fermée dans le plan de phase. Un exemple est donné par la figure 1-16. Il est obtenu par un modèle détaillé du convertisseur, où on remarque qu'à partir de différentes valeurs de l'état initial, les trajectoires de ce dernier sont attirées par une seule forme fermée dans le plan de phase.

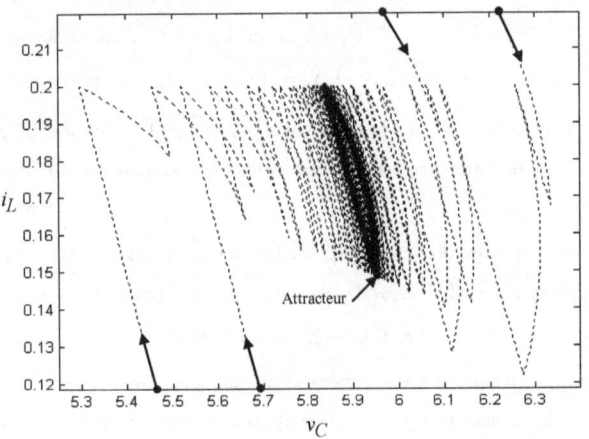

Figure 1-16 Exemple d'attracteur périodique pour un convertisseur boost

I.7.5.2. Attracteur quasi-périodique

L'attracteur quasi périodique caractérise les systèmes dynamiques ayant, en régime permanent, un spectre qui contient deux fréquences dont le rapport entre elles, est irrationnel. Pour illustrer ce type d'attracteurs, on considère le système suivant :

$$\frac{d}{dt}\begin{pmatrix} x_1 \\ x_2 \\ x_3 \end{pmatrix} = \begin{pmatrix} \left(c + a\cos(\omega_1 t)\right)\cos(\omega_2 t) \\ \left(c + a\cos(\omega_1 t)\right)\sin(\omega_2 t) \\ a\sin(\omega_1 t) \end{pmatrix} \tag{1-32}$$

avec $a = 5$, $c = 40$, $\omega_2/\omega_1 = 55/3$.

Pour $\omega_1 = 1$, l'attracteur quasi périodique est donné par la figure 1-17. On remarque que la trajectoire forme une bobine. Ceci est dû à l'existence de deux fréquences (ω_1, ω_2).

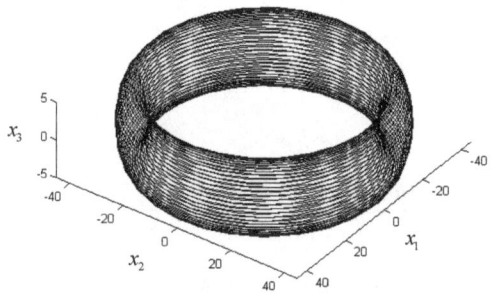

Figure 1-17 Attracteur quasi périodique

I.7.5.3. Attracteur chaotique

Le dernier type d'attracteurs est celui caractérisant les systèmes chaotiques. Il est plus difficile de donner une définition de ces systèmes que de citer leurs propriétés. Le mathématicien Français Henri Poincaré (1854-1912) est le vrai père fondateur de l'étude de ces systèmes et nous ne pouvons trouver mieux que ce qu'il a écrit dans son livre « *Science et méthode* » *(1908)* pour décrire ces systèmes :

«Une cause très petite, qui nous échappe, détermine un effet considérable que nous ne pouvons pas ne pas voir, et alors nous disons que cet effet est dû au hasard. Si nous connaissions exactement les lois de la nature et la situation de l'univers à l'instant initial, nous pourrions prédire exactement la situation de ce même univers à un instant ultérieur. Mais lors même que les lois naturelles n'auraient plus de secret pour nous, nous ne pourrions connaître la situation initiale qu'approximativement. Si cela nous permet de prévoir la situation ultérieure avec la même approximation, c'est tout ce qu'il nous faut, nous disons que le phénomène a été prévu, qu'il est régi par des lois; mais il n'en est pas toujours ainsi, il peut arriver que de petites différences dans les conditions initiales en engendrent de très grandes dans les phénomènes finaux; une petite erreur sur les premières produirait une erreur énorme sur les derniers. La prédiction devient impossible et nous avons le Phénomène fortuit»

Dans les domaines de la physique et des mathématiques, les systèmes chaotiques sont des systèmes dynamiques qui, bien qu'étant en principe déterministes, arborent des comportements complexes, extrêmement sensibles aux conditions initiales et paraissant désordonnés. De plus, la trajectoire du système est bornée et imprédictible, ce qui signifie que la connaissance parfaite de l'état du système à l'instant actuel ne donne aucune information sur son état à des instants futurs malgré la disponibilité du modèle déterministe du système.

Afin d'illustrer un exemple des attracteurs chaotiques, on utilise la carte itérée de Hénon [Hen, 76] décrite par :

$$\begin{cases} x_1(n+1) = a - x_1^2(n) + bx_2(n) \\ x_2(n+1) = x_1(n) \end{cases} \tag{1-33}$$

avec $x_{1,2} \in \square$, $b = 0.3$ et $a = 1.4$. Nous obtenons l'attracteur chaotique de la figure 1-18.

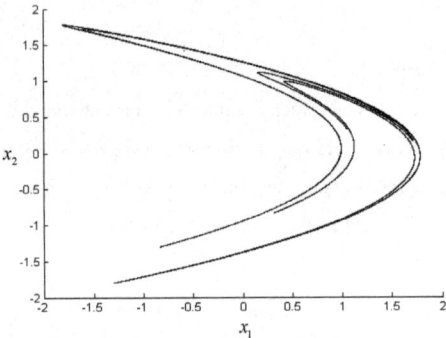

Figure 1-18 Attracteur chaotique

Après avoir mentionné quelques structures importantes des orbites du système dynamique, il nous reste à répondre aux questions suivantes : est-il possible qu'un système dynamique change la structure de son orbite ?, quelles sont les conditions pour lesquelles ce changement peut avoir lieu et combien de types de changement existent ?. La théorie de bifurcation porte la réponse à ces questions.

I.7.6. Bifurcation

Selon J. H. Deane [Dea, 90], la bifurcation est un changement brusque dans le comportement qualitatif du système suite à une variation d'un paramètre du système. Par exemple, le doublement de la période de la réponse du système. D'après A. H. Nayfeh [Nay, 95] la bifurcation est un mot français introduit par le mathématicien français Henri Poincaré, pour indiquer un changement qualitatif dans les caractéristiques d'un système, tel que le nombre et le type des solutions, sous la variation d'un paramètre ou plus, desquels le système considéré en dépend [Nay, 95].

I.7.7. Classification des bifurcations

Comme mentionné précédemment, les systèmes dynamiques non linéaires peuvent avoir plusieurs points d'équilibres. Pour un ensemble donné de paramètres et de conditions initiales, le système sera attiré vers la solution ayant le bassin d'attraction sur lequel il se trouve initialement. La variation d'un où de plusieurs paramètres peut ramener le système du bassin d'attraction de la première solution d'équilibre à un autre ou bien, il sera attiré par une deuxième solution d'équilibre. Selon le scénario avec lequel ce changement se produit, on peut distinguer les bifurcations suivantes [Tse, 03] :

Bifurcation nœud selle : Cette bifurcation désigne le fait que par le passage d'un paramètre du système par une valeur critique, le système acquerra ou perdra imprévisiblement une solution d'équilibre.

Bifurcation transcritique : Ce type de changement caractérise l'échange de stabilité entre deux solutions par le passage du paramètre par une valeur critique. La solution stable deviendra instable et la solution instable sera stable après ce passage.

Bifurcation fourche super critique : Ce type désigne la bifurcation en forme de fourche d'une solution d'équilibre stable en deux solutions d'équilibres stables. D'une autre manière, le transfert de stabilité d'une solution à deux solutions par le passage du paramètre par sa valeur critique.

Bifurcation fourche sous critique : Contrairement à la dernière bifurcation, celle-ci caractérise la transformation de l'état d'une solution d'équilibre stable en une autre instable par le passage du paramètre par sa valeur critique.

Bifurcation « doublement de période » : Comme son nom l'indique, ce type de bifurcations désigne le doublement de la période de la réponse du système après le passage du paramètre par sa valeur critique.

Bifurcation de Hopf : Ce type de bifurcation est caractérisé par l'expansion d'une solution de type point fixe en une de type cycle limite. Ce type de bifurcation est à notre connaissance le seul qu'on peut observer dans les convertisseurs statiques en utilisant le modèle moyen [Iu, 03].

Collision avec bordure : Généralement, ce type de bifurcation est rencontré dans les systèmes dynamiques à plusieurs structures. La variation des paramètres du système peut forcer celui-ci à franchir la bordure et passer à une autre orbite. Par exemple, si l'on augmente la charge d'un convertisseur boost, ce dernier passera du MCC au MCD. Dans le premier mode, deux topologies sont possibles, alors dés le passage en MCD on aura trois topologies. La bordure entre ces deux modes (deux structures de trajectoire) est le passage du courant d'inducteur à zéro. On note que la commutation entre les topologies du convertisseur n'est pas considérée comme une bordure car la forme de la trajectoire du système est tracée par toutes ces topologies, alors que le passage du MCC au MCD ou inversement changera la structure de la trajectoire par le changement du nombre de pièces formant cette trajectoire.

Concernant les exemples types des systèmes présentant ces bifurcations le lecteur est référé à la référence [Str, 00]. Pour une classification des bifurcations ainsi qu'une analyse profonde basée sur la nature du système dynamique (continue ou discrète), le lecteur pourra consulter ces références [Gle, 94] [Wig, 00], [Ham, 01].

I.7.8. Détection du chaos : l'exposant de Lyapunov

En utilisant le diagramme de bifurcation, il est difficile de faire la distinction entre un comportement chaotique et un quasi périodique. Parmi les méthodes qui permettent la détection du chaos, on peut citer l'exposant de Lyapunov. Elle est basée sur le principe de la sensibilité des systèmes chaotiques aux conditions initiales : les trajectoires issues de conditions initiales proches divergent localement au sein de l'espace borné de l'attracteur, et l'exposant de Lyapunov présente une mesure de la moyenne de cette divergence.

On considère que le système dynamique à l'équilibre x_* est caractérisé par l'équation variationnelle suivante :

$$\dot{\Phi}(x_*) = J(x_*)\Phi(x_*) \tag{1-34}$$

où $\Phi_t(x_*) = e^{J(x_*)t}$.

Si l'on note par λ_i $(i = 1,...,n)$ les valeurs propres de $J(x_*)$ et $m_i = e^{\lambda_i t}, i = 1,...,n$, alors les λ_i représentent le taux de contraction ou d'expansion de la trajectoire du système, et m_i la quantité de contraction ou d'expansion de cette trajectoire durant t secondes [Des, 70].

Système continu [Par, 89] : En considérant x_0 un état initial et m_i les valeurs propres de $\Phi_t(x_0)$ associées à un système de dimension n, si la limite $(\lim_{t\to\infty}\frac{1}{t}\ln|m_i(t)|)$ existe alors les exposants de Lyapunov de x_0 sont :

$$\lambda_i = \lim_{t\to\infty}\frac{1}{t}\ln|m_i(t)|, \quad i = 1,...,n \tag{1-35}$$

Système discret [Par, 89] : Pour un état initial x_0, $\{x_k\}_{k=0}^{\infty}$ l'orbite parcourue par le système dynamique de dimension n et $m_i(k)$, $i=1,...,n$ les valeurs propres de $\Phi_k(x_0)$, si la limite $(\lim_{k\to\infty} |m_i(k)|^{1/k})$ existe, alors les exposants de Lyapunov de x_0 sont :

$$\lambda_i = \lim_{k\to\infty} |m_i(k)|^{1/k}, \quad i=1,...,n \tag{1-36}$$

La présence du chaos dans la réponse du système est caractérisée par un exposant de Lyapunov positif. Le terme exposant de Lyapunov désigne généralement le plus grand des exposants (λ_1). En pratique, celui-ci est approximé dans [Mul, 95] et [Lim, 99] pour les systèmes continus par :

$$\lambda_1 \approx \frac{1}{t} \ln \frac{\|\delta x(t)\|}{\|\delta x(0)\|} \tag{1-37}$$

où $\delta x(0)$ est la divergence en conditions initiales et $\delta x(t)$ la divergence entre les deux trajectoires tracées par le système après t secondes.

Pour les systèmes discrets, l'exposant de Lyapunov est approximé dans [Zha, 98] par :

$$\lambda_1 \approx \frac{1}{n} \ln \frac{\|df^{(n)}\|}{\|dx\|} \tag{1-38}$$

La figure 1-19 illustre le diagramme de bifurcation et l'exposant de Lyapunov pour la carte logistique donnée par :

$$x(n+1) = a\,x(n)\big(1 - x(n)\big)$$

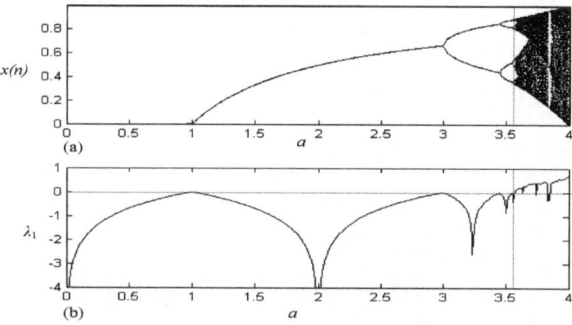

Figure 1-19 Carte logistique : (a) Diagramme de bifurcation, (b) Exposant de Lyapunov

I. 8.   Conclusion

Le bon dimensionnement des éléments du convertisseur facilite l'analyse de son comportement, l'identification de son mode de conduction et le choix de la structure de commande. Le modèle du convertisseur doit refléter au mieux le comportement du système physique. Son choix dépend directement de son utilisation. Le modèle détaillé est adopté, habituellement, pour des raisons de validation, les modèles à petits signaux et moyen sont utilisés pour la synthèse des contrôleurs et le modèle discret pour l'analyse des comportements anormaux du convertisseur. Afin de comprendre et d'analyser ces comportements, des notions de base sur les systèmes dynamiques et les outils nécessaires pour l'analyse ont été présentés.

Le chapitre 2 sera consacré à la présentation de deux techniques principales de la modélisation discrète ainsi à l'évaluation de leurs performances et leurs limites. A partir de ce constat et afin de remédier aux différents inconvénients, un modèle discret amélioré sera développé pour mieux décrire le comportement du convertisseur et servira après pour la validation des différentes approches de commande traitées dans le chapitre 3 et le chapitre 4.

Chapitre 2

Modélisation du convertisseur

II. 1. Introduction

Les modèles vus dans le chapitre précèdent, sont particulièrement exploités à des fins de synthèse de contrôleurs (modèle moyen ou à petits signaux) ou pour la validation de résultats (modèle détaillé). Néanmoins, des hypothèses restrictives sur le fonctionnement du convertisseur sont nécessaires. En effet, on doit supposer que son comportement est périodique et de période égale à celle du système d'horloge externe. De ce fait, les comportements plus complexes ou imprévisibles ne peuvent être prise en compte. Afin de résoudre ce problème, la modélisation discrète peut être une alternative.

Ce type de modélisation des convertisseurs statiques a déjà fait l'objet de plusieurs travaux dans la littérature. Pour situer notre travail dans ce contexte un aperçu bibliographique est nécessaire.

En effet, en utilisant cette technique, J. H. B. Deane a montré dans [Dea, 90] l'existence des oscillations sub-harmoniques et des comportements pseudopériodiques et chaotiques pour un convertisseur statique de type buck. Il a développé ensuite dans [Dea, 92], une relation explicite reliant les états du système à deux instants de commutation successifs pour un convertisseur de type boost en mode courant. Parallèlement à ces travaux, D. C. Hamill et J. H. B. Deane [Ham, 92] ont proposé un modèle discret donnant l'état du système à un instant de commutation en fonction de son état à l'instant de commutation précédent. Citons également les travaux de Chan & al. [Cha, 97] dans lesquels les auteurs ont développé un modèle stroboscopique discret pour un boost en mode courant par l'observation de l'état du système à chaque fin de cycle d'horloge. Ceci nous permet de faire une classification des travaux sur ce sujet en deux directions :

- Utilisation du modèle stroboscopique affiné en considérant les imperfections des éléments [Ban, 98].

- Obtention du modèle discret par l'observation de l'état du système à chaque instant de commutation [Dea, 91]. Cette direction peut être aussi subdivisée en deux selon l'état de l'interrupteur au moment de l'échantillonnage : fermé (modèle de commutation S) ou ouvert (modèle de commutation A) [Ham, 92], [Ber, 98].

Cependant, quelque soit l'instant d'échantillonnage de l'état du système, les travaux développés dans la littérature avaient, généralement, pour but d'explorer les différents phénomènes non linéaires apparaissants dans les convertisseurs statiques sous certaines conditions de fonctionnement. La plupart d'entre eux, explorent ces phénomènes soit dans un buck en mode tension soit dans un boost en mode courant. Une raison à ce choix est que le premier est riche en phénomènes non linéaires et le second donne une relation explicite entre les échantillons consécutifs de l'état du système, ce qui facilite l'étude analytique du processus [Ban, 01]. Toutefois, ces travaux explorent les comportements anormaux en se basant sur des approximations (approximation de la matrice de transition) [Tse, 02]. Des hypothèses simplificatrices (tension de sortie constant au régime permanant) ou des conditions de validité du modèle proposé dans un mode ou dans une région de fonctionnement bien déterminée [Ban, 98] et enfin dans certains cas on suppose que les éléments du convertisseur sont idéaux [Dea, 91].

Plusieurs travaux dans la littérature utilisent un modèle détaillé basé sur la solution exacte des équations différentielles relatives à chaque configuration [Ber, 00], [Maz, 01a]. Néanmoins, l'approche exige un temps de calcul important et un espace mémoire assez grand pour le traitement et le stockage des données. De plus, l'approche nécessite la régularité de la matrice d'état de chaque configuration [Ber, 00].

Pour pallier les inconvénients des méthodes mentionnées précédemment, nous proposons dans ce chapitre d'introduire des améliorations sur l'approche de modélisation discrète. Nous montrerons que la méthode développée regroupe aussi bien les avantages du modèle détaillé que ceux du modèle discret. Elle permet une description du système avec un même degré de fidélité que le modèle détaillé, sans aucune hypothèse restrictive ni, sur la validité du modèle dans un mode de fonctionnement ou de commande, ni sur les matrices d'état du système. De plus, son aspect discret lui permet de réduire le temps de calcul, ainsi que l'espace mémoire nécessaire pour le traitement et le stockage des données. Afin de valider cette approche, on présentera plusieurs exemples de simulation accompagnés d'une analyse du mécanisme de bifurcation dans le comportement du convertisseur.

II. 2. Modèle discret

Parmi les formes du modèle discret, la stroboscopique (échantillonnage de l'état du système en synchronisme avec l'horloge) présente l'avantage d'être simple et sa mise en oeuvre moins coûteuse. Le modèle obtenu donne une relation implicite ou explicite entre deux échantillons successifs de l'état du système sous la forme $x\big((n+1)T\big) = f\big(x(nT)\big)$ où T est la période d'horloge. Pour alléger l'écriture, nous adoptons la forme suivante : $x(n+1) = f\big(x(n)\big)$. Dans ce qui suit et pour une meilleure justification de l'approche proposée, nous donnerons d'abord un bref aperçu sur les deux principales méthodes utilisées dans la littérature [Cha, 97], [Ban, 98]. Pour cela, on considère le convertisseur boost de la figure 1-8 du chapitre précédent fonctionnant en MCC. Ce mode est caractérisé par deux configurations comme l'illustre la figure 2-1.

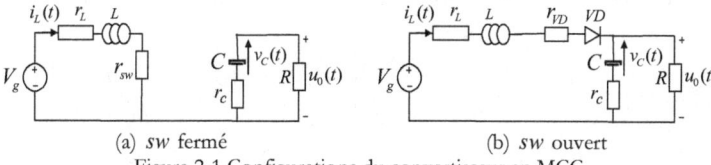

(a) *sw* fermé   (b) *sw* ouvert
Figure 2-1 Configurations du convertisseur en MCC

- **Première méthode**

Dans la première configuration, l'inductance accumule de l'énergie, alors que le condensateur se décharge. Dans la seconde configuration, l'inductance se décharge et le condensateur se charge. L'expression de la tension aux bornes de celui-ci peut être donnée par la solution de l'équation différentielle suivante :

$$\frac{d^2}{dt^2}v_C(t) + a_1\frac{d}{dt}v_C(t) + a_2 v_C(t) = a_3 \tag{2-1}$$

où $a_1 = \dfrac{L + C\big[Rr_C + (R+r_C)(r_L + r_{VD})\big]}{LC(R+r_C)}$, $a_2 = \dfrac{R + r_L + r_{VD}}{LC(R+r_C)}$ et $a_3 = \dfrac{RV_g}{LC(R+r_C)}$.

La nature de la réponse du système est liée au choix de la charge, de l'inductance et du condensateur [Ban, 98].

Le modèle discret est obtenu, avec cette méthode, en exprimant la réponse du système à chaque fin de cycle d'horloge implicitement en fonction de sa réponse en début de ce cycle. Cette méthode permet d'avoir des expressions simples du modèle dans le cas du fonctionnement en MCC.

- **Seconde méthode**

En reprenant les équations (1-22) et (1-23) représentant le comportement du système d'une façon continue dans les deux configurations possibles, la valeur de l'état du système à chaque cycle d'horloge est donnée par :

$$
\begin{aligned}
x(n+1) = {} & \Phi_2\big((1-d_n)T\big)\Phi_1\big(d_nT\big)x(n) \\
& + \Phi_2\big((1-d_n)T\big)\int_{nT}^{(n+d)T}\Phi_1((n+d)T-\tau)B_1 V_g\, d\tau \\
& + \int_{(n+d)T}^{(n+1)T}\Phi_2((n+1)T-\tau)B_2 V_g\, d\tau
\end{aligned}
\tag{2-2}
$$

où $x = [i_L \ \ v_C]^T$ est l'état du système, $B_{i=1,2} = [1/L \ \ \ 0]^T$ et $\Phi_m(\alpha)$ est la matrice de transition associée à la configuration $m = 1,2$ où le système séjourne pendant α seconde.

La matrice de transition peut être déduite par : $\Phi_m(\alpha) = e^{A_m \alpha}$ où

$$
A_1 = \begin{bmatrix} -\dfrac{r_L + r_{SW}}{L} & 0 \\[2ex] 0 & -\dfrac{1}{C(R+rc)} \end{bmatrix}, \qquad
A_2 = \begin{bmatrix} -\dfrac{r_L + r_{VD} + \dfrac{Rr_C}{R+r_C}}{L} & -\dfrac{R}{L(R+r_C)} \\[3ex] \dfrac{R}{C(R+r_C)} & -\dfrac{1}{C(R+r_C)} \end{bmatrix} \qquad \text{et}
$$

$$
\alpha = \begin{cases} d_nT & si\ m=1 \\ 1-d_nT & si\ m=2 \end{cases}.
$$

Afin de simplifier l'étude analytique du comportement du convertisseur, la matrice de transition est approximée par son développement en séries de Taylor à l'ordre deux :

$$
\Phi_m(\alpha) = \sum_{k=0}^{n}\frac{1}{k!}A_m^k \alpha^k \approx I + \alpha A_m + \frac{\alpha^2}{2}A_m^2
\tag{2-3}
$$

Cette méthode utilise la forme matricielle du modèle et l'approximation en série de Taylor pour simplifier l'analyse du comportement du système.

II. 3.   Limites des approches de modélisation

Le but de la modélisation est d'aboutir à la meilleure description possible du système physique. Le modèle ainsi construit doit être le plus fidèle que possible. Celui-ci ne permet pas seulement la mise en œuvre d'un contrôleur mais permet également d'explorer et de quantifier les différents comportements normaux et anormaux du convertisseur. L'approximation comme celle donnée par (2-3) permet certes de simplifier la modélisation mais ne peut donner qu'une description qualitative du comportement du système. Un compromis entre l'exactitude du modèle et sa complexité doit être observé. Dans ce contexte, cette section est dédiée à la présentation de quelques limitations des méthodes de modélisation précédemment mentionnées et à nos motivations pour introduire quelques améliorations sur la technique de modélisation discrète.

La description la plus fidèle du comportement du convertisseur est obtenue par le modèle détaillé. Afin d'aboutir à ce modèle, chacune des configurations du convertisseur est représentée par une équation différentielle linéaire du premier ordre de la forme (1-18). Le modèle détaillé est obtenu en utilisant la solution (1-19) pour chacune des configurations et en prenant comme conditions initiales pour la configuration actuelle l'état final du système dans la configuration précédente. Le système commute d'une configuration à une autre au début d'un cycle d'horloge, si l'état atteint la référence (en tension ou en courant) ou si le courant d'inductance s'annule. La dernière condition est utilisée dans le MCD. Une autre version de la technique de modélisation détaillée, utilisée dans [Maz, 01a], est basée uniquement sur la notion de la matrice de transition et la propriété suivante :

$$\int_0^t \Phi_m(\tau) B_m \, d\tau = \int_0^t e^{A_m \tau} B_m \, d\tau = \left[e^{A_m t} - I \right] A_m^{-1} B_m \tag{2-4}$$

Néanmoins, l'élaboration d'un modèle détaillé en utilisant (1-19) ou (2-4) nécessite :

➢ que toutes les matrices d'état (A_m) soient inversibles comme mentionné dans [Ber, 00]. Ceci ne peut pas être possible dans tous les cas et plus particulièrement en MCD où le convertisseur a une matrice non inversible. Ainsi, on est contraint de passer d'une forme matricielle simple à la résolution de chacune des équations différentielles relatives au cas où la matrice n'est pas inversible comme montré dans [Ban, 98].

➢ un temps de calcul important et un espace mémoire assez grand pour le traitement et le stockage des données.

Afin de décrire le comportement du convertisseur sans alourdir le calcul, les deux méthodes discrètes, précédemment mentionnées, peuvent être utilisées. La première technique de modélisation a été développée par Banerjee *et al.* [Ban, 98]. Elle est certes efficace pour explorer les différents phénomènes anormaux apparaissant dans un convertisseur statique lors de la variation de ses paramètres, mais, le modèle est obtenu sous les hypothèses suivantes [Ban, 98] :

➢ La valeur de l'inductance L et la fréquence de commutation ($1/T$) sont choisies de telle sorte à ne pas avoir le MCD, et ainsi simplifier le développement.

➢ La valeur du condensateur C doit être judicieusement choisie pour que la tension aux bornes de celui-ci ne passe jamais en dessous de la tension d'alimentation V_g.

➤ La tension aux bornes du condensateur (v_C) est considérée constante en régime permanent.

La première condition limite la validité de l'approche sur le MCC, alors que le convertisseur peut passer, sous certaines conditions ou dans le cas de l'étude de la bifurcation de collision avec bordure, du MCC au MCD. La deuxième montre que si l'instant où la tension aux bornes du condensateur passe au-dessous de la tension d'alimentation coïncide avec l'impulsion d'horloge, le modèle ne peut pas décrire le comportement du système [Ban, 98]. La troisième condition est une hypothèse simplificatrice pour le calcul de la solution et elle n'est valide que dans le cas où la variation de la tension aux bornes du condensateur est très petite devant sa valeur moyenne.

Pour remédier ces problèmes, la seconde technique de modélisation discrète utilisée dans [Ham, 92], [Tse, 94], [Cha, 97], [Tse, 02] donne l'état du système à l'instant de commutation actuel en fonction de son état précédent, en utilisant l'approximation en série de Taylor à l'ordre deux. Cependant, l'exactitude de ce développement dépend directement de la valeur de α et de la matrice A_m.

Pour montrer que l'approximation (2-3) n'est pas valide dans tous les cas, nous présentons dans ce qui suit quelques exemples de la littérature où on a remarqué que l'erreur d'approximation, n'est pas négligeable. Pour cela, on définit l'erreur relative modifiée par :

$$E_k^{ij}(\alpha) = 100 \left| \frac{\Phi_k^{eij}(\alpha) - \Phi_k^{aij}(\alpha)}{\Phi_k^{eij}(\alpha)} \right| \quad i,j = 1,2 \quad k = 1,2,3 \tag{2-5}$$

La position d'un élément dans la matrice E_k^{ij} est donnée par (i,j). $\Phi_k^e(\alpha)$ et $\Phi_k^a(\alpha)$ représentent respectivement les matrices de transition exacte et approximée pour un séjour de α secondes dans la configuration k. La matrice de transition exacte $\Phi_k^e(\alpha)$ peut être obtenue par l'utilisation d'un ordre de développement très élevé pour lequel la matrice tend vers sa valeur exacte.

Au cours de notre analyse, on se focalisera sur la seconde configuration du convertisseur (Fig. 2-1b), car elle possède une matrice d'état pleine et représente une étape critique dans le passage entre les modes de conduction. Afin de traiter le maximum de cas, on étudiera trois exemples de la littérature [Tse, 94], [Cha, 97] [Ban, 98].

Considérons le boost utilisé dans [Tse, 94] avec les paramètres suivants : $V_g = 16\,V$, $L = 208\mu H$, $C = 220\mu F$, $R = 12\Omega$, $T = 333\mu s$. Dans cet exemple, les auteurs négligent les résistances internes des commutateurs ainsi que les résistances séries équivalentes des éléments; le convertisseur est supposé fonctionner en MCC et commandé en mode tension pour atteindre une référence de $25V$. Ceci implique qu'en régime permanent, la seconde configuration (A_2, B_2) est valide pendant $\alpha = D_2 T = 0.5269T$ seconde. Le temps de séjour α est obtenu grâce à l'analyse du système en composante continue. La figure 2-2 montre l'évolution de la matrice d'erreur E_2^{ij} en fonction de l'ordre d'approximation en séries de Taylor.

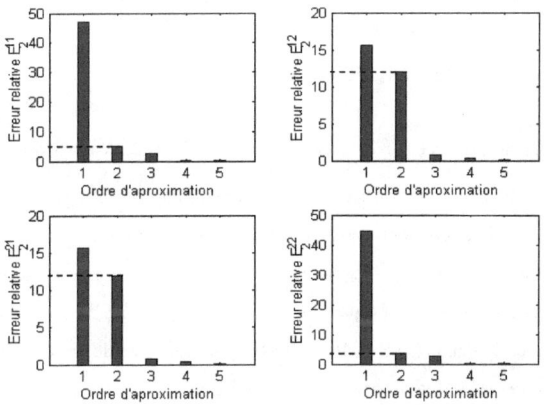

Figure 2-2 Erreur relative modifiée en fonction de l'ordre d'approximation pour $V_{ref} = 25V$

A partir de cette figure, nous remarquons que l'approximation d'ordre deux mène à une erreur pouvant atteindre 12% de la valeur exacte des éléments de l'anti-diagonale de la matrice de transition. Nous constatons également qu'une bonne approximation ne peut être obtenue qu'à partir d'un ordre d'approximation au moins égal à trois.

En gardant le même système et en changeant le point de fonctionnement pour atteindre une référence de *20V* ($\alpha = D_2 T = 0.7069T$), les résultats obtenus sont illustrés par la figure 2-3. Pour cette référence, l'erreur d'approximation peut atteindre jusqu'à *23%*, et une bonne approximation (erreur moins de 10%) ne peut pas avoir lieu qu'à partir de l'ordre quatre.

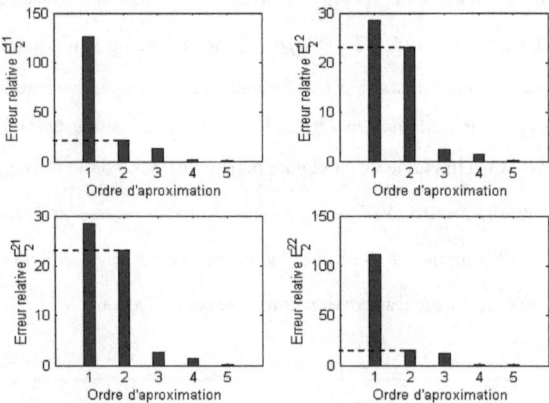

Figure 2-3 Erreur relative modifiée en fonction de l'ordre d'approximation pour V_{ref}=20V

En augmentant la tension désirée à V_{ref}=50V ($\alpha = D_2 T = 0.32T$), l'approximation à l'ordre deux devient acceptable dans la mesure où l'erreur d'approximation ne dépasse pas *4.2%* comme le montre la figure 2-4. Ainsi, on peut constater que l'approximation à l'ordre deux utilisée dans [Tse, 94] ne peut être valide que pour des faibles valeurs de α. Pour y parvenir, il faut augmenter soit la tension de référence soit la fréquence de commutation. Cela peut expliquer le décalage observé et mentionné dans [Tse, 94] entre le diagramme de bifurcation en utilisant l'approximation (2-3) et celui obtenu par un modèle détaillé.

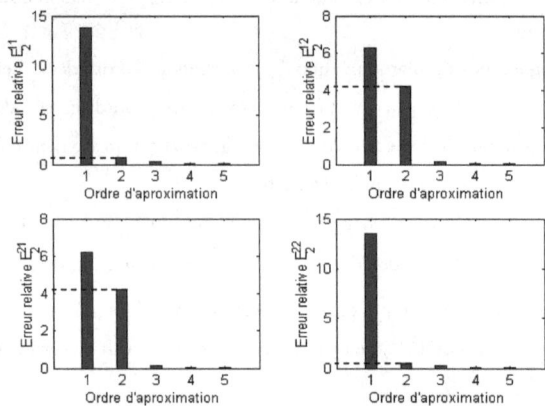

Figure 2-4 Erreur relative modifiée en fonction de l'ordre d'approximation pour V_{ref}=50V

Dans le second [Cha, 97], et le troisième [Ban, 98] exemple, le convertisseur fonctionne en MCC et est commandé en mode courant. Les paramètres du convertisseur utilisé dans [Cha, 97] sont : $V_g = 5V$, $L = 1.5mH$, $C = 4\mu F$, $R = 40\Omega$, avec une période d'horloge $T = 100\mu s$ et le point de fonctionnement ($I_{ref} = 0.3A$, $D_2 = 0.6974$), tandis que dans [Ban, 98] le convertisseur est caractérisé par : $I_{ref} = 4A$, $L = 27mH$, $r_L = 1.2\Omega$, $C = 120\mu F$, $r_C = 0.1\Omega$, $R = 20\Omega$, avec une période d'horloge $T = 2ms$. Nous choisissons le point de fonctionnement ($V_g = 45V$, $D_2 = 0.7333$) qui correspond à un fonctionnement du système en période 1^1. Les résultats de simulation de ces deux exemples sont illustrés respectivement par les figures (2-5) et (2-6).

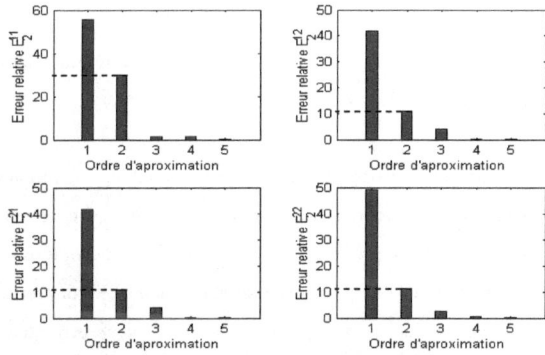

Figure 2-5 Erreur relative modifiée en fonction de l'ordre d'approximation pour ($I_{ref} = 0.3A$, $D_2 = 0.6974$)

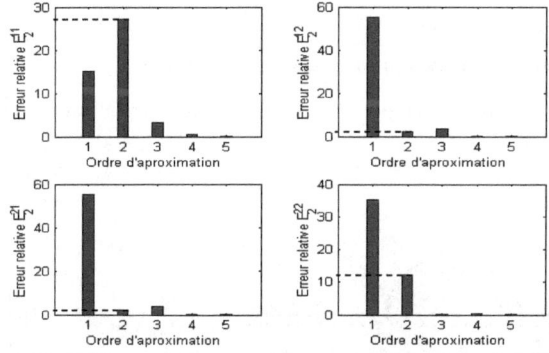

Figure 2-6 Erreur relative modifiée en fonction de l'ordre d'approximation pour ($V_g = 45V$, $D_2 = 0.7333$)

---

[1] Dans ce fonctionnement la période du système est celle de l'horloge.

Nous constatons que l'approximation à l'ordre deux n'est pas suffisante dans la mesure où l'erreur d'approximation atteint **30%** (Fig. 2-5) dans l'exemple de [Cha, 97], et dépasse **27%** (Fig. 2-6) dans celui de [Ban, 98]. Une bonne approximation dans ces deux derniers cas ne peut être assurée qu'à partir d'un ordre d'approximation supérieur ou égal à trois. Cette erreur d'approximation est la cause principale du décalage observé au niveau des diagrammes de bifurcation, entre le modèle discret approximé et le modèle détaillé mentionné dans les travaux [Tse, 94] et [Cha, 97].

D'une manière générale, on peut dire que l'approximation (2-3) ne donne une faible erreur d'approximation que si le temps de séjour dans une configuration donnée est nettement plus faible que la constante de temps du système relative à cette configuration. Ceci peut être réalisé, dans notre cas, par l'augmentation de la fréquence de commutation. Néanmoins, cette augmentation constitue une contrainte supplémentaire dans le choix du commutateur *sw* et présentera un surcoût dans la réalisation du système.

Afin de remédier aux problèmes relatifs aux hypothèses de validité, à l'inversion de la matrice d'état, la proportionnalité entre l'exactitude du modèle et sa complexité, le temps de calcul et l'espace mémoire nécessaires, nous proposons d'introduire des améliorations sur la seconde méthode de modélisation discrète. L'objectif est d'obtenir un modèle discret à la fois simple, exact, valide aussi bien en mode tension qu'en mode courant, et permettant de décrire le comportement du convertisseur quelque soit son mode de conduction (continue ou discontinue) sans aucune hypothèse restrictive.

II. 4. Amélioration de la technique de modélisation discrète

Dans le cas général, le convertisseur peut commuter entre trois configurations comme illustré sur la figure 2-7.

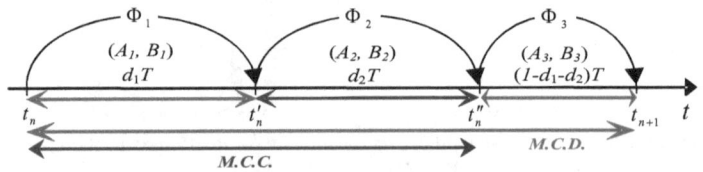

Figure 2-7 Dynamique du convertisseur en MCD

On considère que la première configuration est valide dans l'intervalle de temps $t_n \leq t < t'_n$, la deuxième pendant $t'_n \leq t < t''_n$ et que le courant d'inductance s'annule dans l'intervalle de temps $t''_n \leq t < t_{n+1}$.

En utilisant la notion de la matrice de transition, le modèle du convertisseur peut être exprimé par :

$$x(n+1) = \Phi_3(t_3)\Phi_2(t_2)\Phi_1(t_1)x(n) + \Phi_3(t_3)\Phi_2(t_2)\int_{nT}^{(n+d_1)T}\Phi_1((n+d_1)T-\tau)B_1V_g\,d\tau$$
$$+ \Phi_3(t_3)\int_{(n+d_1)T}^{(n+d_1+d_2)T}\Phi_2\left((n+d_1+d_2)T-\tau\right)B_2V_g\,d\tau \qquad (2\text{-}6)$$
$$+ \int_{(n+d_1+d_2)T}^{(n+1)T}\Phi_3\left((n+1)T-\tau\right)B_3V_g\,d\tau$$

où $t_1 = t'_n - t_n = d_1T$, $t_2 = t''_n - t'_n = d_2T$ et $t_3 = t_{n+1} - t''_n = (1-d_1-d_2)T$ comme illustré sur la figure 2-7.

Nous choisissons cette forme car elle donne une relation explicite entre les échantillons de l'état du système $(x(n+1), x(n))$ et nous permet d'éviter le problème de singularité de la matrice d'état [Ber, 00] ainsi que les différentes hypothèses sur la validité du modèle [Ban, 98].

Si l'on note par t_m le temps de séjour dans la configuration m, on a seulement deux fonctions à calculer pour concevoir le modèle (2-6) avec exactitude : la matrice de transition $\Phi_m(t_m)$ et son intégrale $\int_a^b \Phi_m(t_f - \tau)d\tau$. La procédure de calcul détaillée de ces deux termes est présentée dans les paragraphes II.4.1 et II.4.2.

II.4.1. La matrice de transition

Pour calculer la valeur exacte de la matrice de transition, l'utilisation du théorème de Cayley Hamilton [Bro, 94] est nécessaire :

Toute matrice carrée A satisfait sa propre équation caractéristique. C'est-à-dire, si

$$\det(A - \lambda I) = b_n\lambda^n + b_{n-1}\lambda^{n-1} + ... + b_2\lambda^2 + b_1\lambda + b_0 \qquad (2\text{-}7)$$

alors

$$b_nA^n + b_{n-1}A^{n-1} + ... + b_2A^2 + b_1A + b_0I = 0 \qquad (2\text{-}8)$$

Ainsi, on peut avoir :

$$e^{At} = \alpha_{n-1}(At)^{n-1} + \alpha_{n-2}(At)^{n-2} + ... + \alpha_1(At) + \alpha_0I \qquad (2\text{-}9)$$

où α_i, $i = 0 : n-1$ sont des fonctions des valeurs propres de A et de t.

On pose $r(\lambda_i) = \alpha_{n-1}\lambda_i^{n-1} + \alpha_{n-2}\lambda_i^{n-2} + ... + \alpha_1\lambda_i^1 + \alpha_0$.

Si λ_i est une valeur propre simple de At, on a : $e^{\lambda_i} = r(\lambda_i)$ et si λ_i est une valeur propre

multiple d'ordre k on aura :

$$e^{\lambda_i} = \frac{d}{d\lambda} r(\lambda_i)\Big|_{\lambda=\lambda_i}$$

$$e^{\lambda_i} = \frac{d^2}{d\lambda^2} r(\lambda_i)\Big|_{\lambda=\lambda_i}$$

$$...$$

$$e^{\lambda_i} = \frac{d^{k-1}}{d\lambda^{k-1}} r(\lambda_i)\Big|_{\lambda=\lambda_i}$$

∎

Dans le cas du convertisseurs statique, la matrice d'état A_m est une matrice carrée et la valeur

exacte de la matrice de transition est donnée par :

$$\Phi_m(t_m) = e^{A_m t_m} = \alpha_{m0}I + \alpha_{m1}A_m t_m \tag{2-10}$$

où I est la matrice identité.

Suivant les valeurs propres λ_{m1} et λ_{m2} de la matrice d'état A_m, on a deux cas :

Cas 1 :

Si les valeurs propres de A_m sont distinctes ($\lambda_{m1} \neq \lambda_{m2}$), alors le polynôme $r(.)$ peut être écrit

sous la forme suivante :

$$r(\lambda_{m,i=1,2}) = \begin{cases} e^{\lambda_{m1}t} = \alpha_{m1}\lambda_{m1}t_m + \alpha_{m0} \\ e^{\lambda_{m2}t} = \alpha_{m1}\lambda_{m2}t_m + \alpha_{m0} \end{cases} \tag{2-11}$$

Ce qui conduit à :

$$\begin{cases} \alpha_{m1} = \dfrac{e^{\lambda_{m1}t_m} - e^{\lambda_{m2}t_m}}{t_m(\lambda_{m1} - \lambda_{m2})} \\ \alpha_{m0} = e^{\lambda_{m1}t_m} - \lambda_{m1}t_m\alpha_{m1} \end{cases} \tag{2-12}$$

Dans le cas de valeurs propres complexes $\lambda_{m1} = conj(\lambda_{m2}) = \lambda_{mR} - j\lambda_{mI}$, l'expression (2-12)

s'écrit :

$$\begin{cases} \alpha_{m1} = \dfrac{e^{\lambda_{mR}t_m}}{\lambda_{mI}t_m} Sin(\lambda_{mI}t_m) \\ \alpha_{m0} = e^{\lambda_{mR}t_m}\left[Cos(\lambda_{mI}t_m) - \dfrac{\lambda_{mR}}{\lambda_{mI}} Sin(\lambda_{mI}t_m)\right] \end{cases} \tag{2-13}$$

Cas 2 :

Si une valeur propre est double ($\lambda_{m1} = \lambda_{m2}$), alors le polynôme $r(.)$ est donné par :

$$r(\lambda_{m,i=1,2}) = \begin{cases} e^{\lambda_{m1}t_m} = \alpha_{m1}\lambda_{m1}t_m + \alpha_{m0} \\ e^{\lambda_{m1}t_m} = \alpha_{m1} \end{cases}$$ (2-14)

Donc,

$$\begin{cases} \alpha_{m1} = e^{\lambda_{m1}t_m} \\ \alpha_{m0} = e^{\lambda_{m1}t_m}\left(1 - \lambda_{m1}t_m\right) \end{cases}$$ (2-15)

Si l'on désigne les parties réelle et imaginaire d'un nombre complexe respectivement par $Re(.)$ et $Imag(.)$, la procédure complète du calcul de la matrice de transition exacte peut être résumée par l'organigramme suivant :

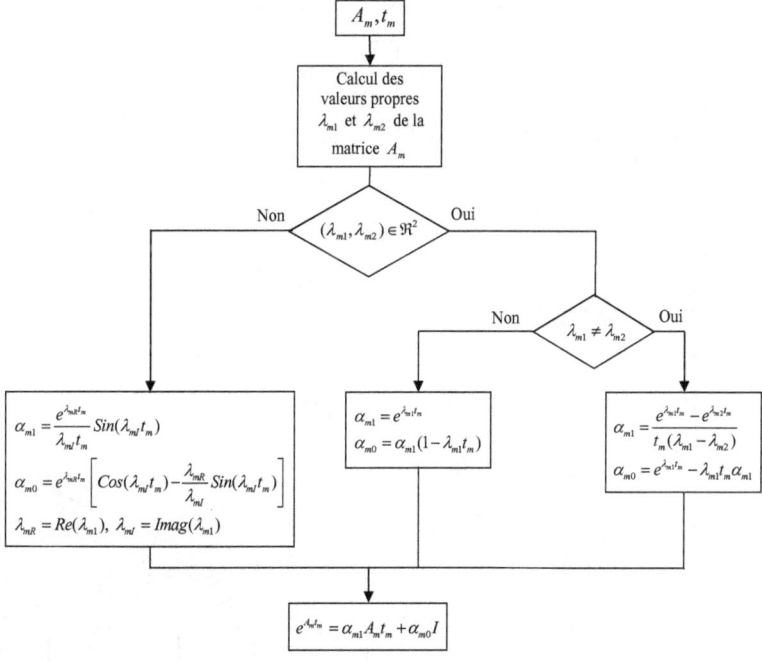

Figure 2-8 Organigramme du calcul de la matrice de transition exacte

II.4.2. Intégrale de la matrice de transition

Pour le calcul de l'intégrale de la matrice de transition, celle-ci sera remplacée par son expression donnée par (2-10) et par conséquent on aura aussi deux cas selon la nature des valeurs propres de

A_m. En effet, dans le premier cas $\left(\lambda_{m1},\lambda_{m2}\right)\in\mathfrak{R}^2$, le terme de l'intégrale peut être formulé comme suit :

$$I_a^b = \int_a^b \Phi_m(t_f-\tau)d\tau = \left[\int_a^b \alpha_{m1}(t_f-\tau)d\tau\right]\left[A_m-\lambda_{m1}I\right]+\left[\int_a^b e^{\lambda_{m1}(t_f-\tau)}d\tau\right]I$$
$$= I_{m1}\left[A_m-\lambda_{m1}I\right]+I_{m0}I \tag{2-16}$$

Par contre, dans le cas de valeurs propres complexes $((\lambda_{m1},\lambda_{m2})\in\square^2)$, ce terme peut être exprimé par :

$$I_a^b = \int_a^b \Phi_m(t_f-\tau)d\tau = \left[\int_a^b \alpha_{m1}(t_f-\tau)d\tau\right]A_m+\left[\int_a^b \alpha_{m0}d\tau\right]I$$
$$= I_{m1}A_m+I_{m0}I \tag{2-17}$$

Les expressions de I_{m1} et I_{m0} ainsi que la procédure complète du calcul de l'intégrale de la matrice de transition sont données par l'organigramme de la figure 2-9.

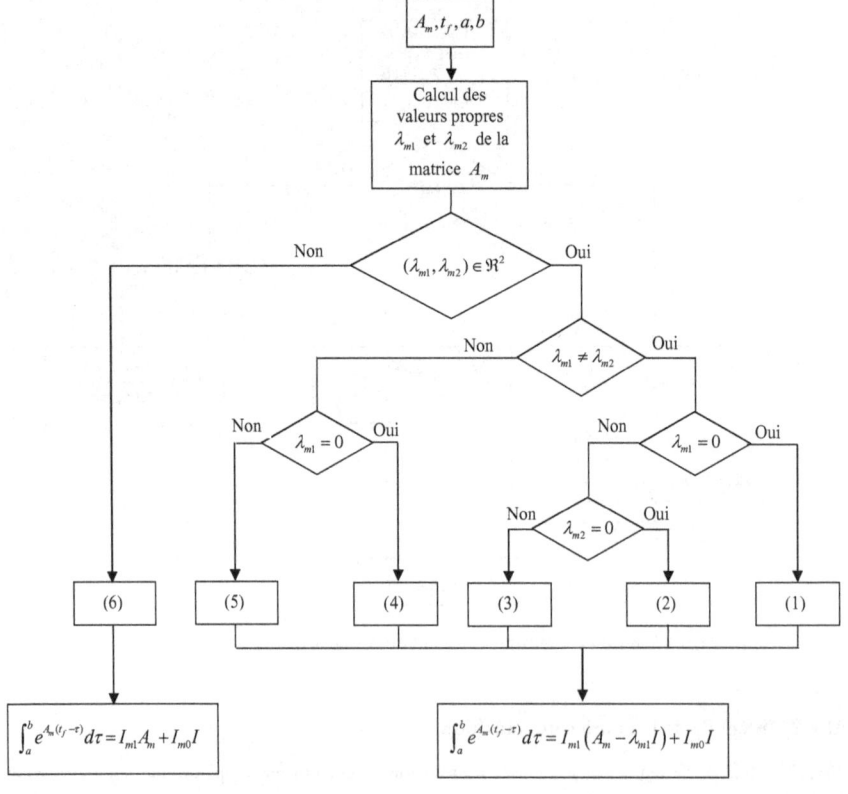

Figure 2-9 Organigramme du calcul de l'intégrale de la matrice de transition

Les expressions de (1) à (6) dans cette organigramme sont données par :

$$(1)\begin{cases} I_{m1} = -\dfrac{\left(\lambda_{m2}(b-a)+\exp\left(\lambda_{m2}(t_f-b)\right)-\exp\left(\lambda_{m2}(t_f-a)\right)\right)}{\lambda_{m2}^2}, \\[2mm] I_{m0} = b-a \end{cases}$$

$$(2)\begin{cases} I_{m1} = -\dfrac{\left(\lambda_{m1}(b-a)+\exp\left(\lambda_{m1}(t_f-b)\right)-\exp\left(\lambda_{m1}(t_f-a)\right)\right)}{\lambda_{m1}^2}, \\[2mm] I_{m0} = -\dfrac{\left(\exp\left(\lambda_{m1}(t_f-b)\right)-\exp\left(\lambda_{m1}(t_f-a)\right)\right)}{\lambda_{m1}} \end{cases}$$

$$(3)\begin{cases} I_{m1} = \dfrac{\lambda_{m2}\left(\exp\left(\lambda_{m1}(t_f-b)\right)-\exp\left(\lambda_{m1}(t_f-a)\right)\right)+\lambda_{m1}\left(\exp\left(\lambda_{m2}(t_f-a)\right)-\exp\left(\lambda_{m2}(t_f-b)\right)\right)}{\lambda_{m1}\lambda_{m2}\left(\lambda_{m2}-\lambda_{m1}\right)} \\[2mm] I_{m0} = -\dfrac{\left(\exp\left(\lambda_{m1}(t_f-b)\right)-\exp\left(\lambda_{m1}(t_f-a)\right)\right)}{\lambda_{m1}} \end{cases}$$

$$(4)\begin{cases} I_{m1} = t_f(b-a)-\dfrac{b^2-a^2}{2}, \\[2mm] I_{m0} = b-a \end{cases}$$

$$(5)\begin{cases} I_{m1} = \dfrac{\lambda_{m1}\left((b-t_f)\exp\left(\lambda_{m1}(t_f-b)\right)+(t_f-a)\exp\left(\lambda_{m1}(t_f-a)\right)\right)}{\lambda_{m1}^2} \\[2mm] \quad +\dfrac{\exp\left(\lambda_{m1}(t_f-b)\right)-\exp\left(\lambda_{m1}(t_f-a)\right)}{\lambda_{m1}^2} \\[2mm] I_{m0} = -\left(\dfrac{\exp\left(\lambda_{m1}(t_f-b)\right)-\exp\left(\lambda_{m1}(t_f-a)\right)}{\lambda_{m1}}\right) \end{cases}$$

$$(6)\begin{cases} I_{m1} = \dfrac{\exp\left(\lambda_{mR}(t_f-b)\right)\left[\lambda_{mI}Cos\left(\lambda_{mI}(t_f-b)\right)-\lambda_{mR}Sin\left(\lambda_{mI}(t_f-b)\right)\right]}{\lambda_{mI}\left(\lambda_{mR}^2+\lambda_{mI}^2\right)} \\[2mm] \quad -\dfrac{\exp\left(\lambda_{mR}(t_f-a)\right)\left[\lambda_{mI}Cos\left(\lambda_{mI}(t_f-a)\right)-\lambda_{mR}Sin\left(\lambda_{mI}(t_f-a)\right)\right]}{\lambda_{mI}\left(\lambda_{mR}^2+\lambda_{mI}^2\right)} \\[2mm] I_{m0} = \dfrac{\left(\lambda_{mR}^2-\lambda_{mI}^2\right)\left(\exp\left(\lambda_{mR}(t_f-b)\right)Sin\left(\lambda_{mI}(t_f-b)\right)-\exp\left(\lambda_{mR}(t_f-a)\right)Sin\left(\lambda_{mI}(t_f-a)\right)\right)}{\lambda_{mI}\left(\lambda_{mR}^2+\lambda_{mI}^2\right)} \\[2mm] \quad -\dfrac{2\lambda_{mI}\lambda_{mR}\left(\exp\left(\lambda_{mR}(t_f-b)\right)Cos\left(\lambda_{mI}(t_f-b)\right)-\exp\left(\lambda_{mR}(t_f-a)\right)Cos\left(\lambda_{mI}(t_f-a)\right)\right)}{\lambda_{mI}\left(\lambda_{mR}^2+\lambda_{mI}^2\right)} \end{cases}$$

Ces deux organigrammes montrent la simplicité de la méthode dans la mesure où les valeurs exactes de la matrice de transition et de son intégrale sont obtenus seulement en fonction de deux termes $(\alpha_0, \alpha_1$ et $I_0, I_1)$. De plus l'approche donne une solution générale pour la description du comportement du convertisseur. Pour un ensemble donné de paramètres du convertisseur, les deux organigrammes peuvent être réduits à deux expressions. Dans ce cas, le calcul des valeurs propres de la matrice d'état ainsi que les différentes testes peuvent être faite hors ligne afin de simplifier le modèle et réduire le temps de calcul.

II. 5. Validation du modèle proposé et exploration du comportement du convertisseur

Pour valider la technique de modélisation proposée, nous prenons dans ce qui suit, quelques exemples de la littérature. En effet, nous présentons d'abord une comparaison entre la technique de modélisation proposée, le modèle discret en utilisant l'approximation (2-3) et le modèle détaillé. Cette comparaison sera effectuée en termes de temps de calcul et de l'espace mémoire alloué pour le traitement et le stockage des données. On montera par la suite l'efficacité de l'approche pour plusieurs cas de figures de fonctionnement du convertisseur (normale et anormale).

II.5.1. Exploration du comportement périodique du convertisseur

Afin de valider la technique de modélisation proposée dans le cas du comportement périodique du convertisseur, on considère celui utilisé dans [Cha, 97] avec les paramètres suivants : $V_g = 5V$, $L = 1.5mH$, $r_L = 0.3\Omega$ $r_{sw} = 0.3\Omega$, $r_{VD} = 0.3\Omega$, $C = 20\mu F$, $r_C = 0.25\Omega$, $R = 40\Omega$, $T = 100\mu s$.

La figure 2-10 donne la réponse du système en utilisant le modèle détaillé avec sa réponse en utilisant l'approche proposée pour avoir deux cartes itérées du convertisseur : l'une est stroboscopique et l'autre du type commutation-A. Le convertisseur est commandé en mode courant pour atteindre initialement la référence $I_{ref} = 0.2A$ ensuite à l'instant $t = 20ms$ on augmente la consigne à $I_{ref} = 0.4A$. La figure 2-11 présente un zoom sur la description du modèle proposé du comportement du système à l'instant de changement de consigne.

Les résultats obtenus confirment que le système reliant la commande (rapport cyclique) au courant d'inductance est à phase minimale. Ils montrent également que le comportement du convertisseur est périodique de période T et que l'approche proposée assure le même degré de fidélité que celle du modèle détaillé quelque soit le choix de la carte itérée.

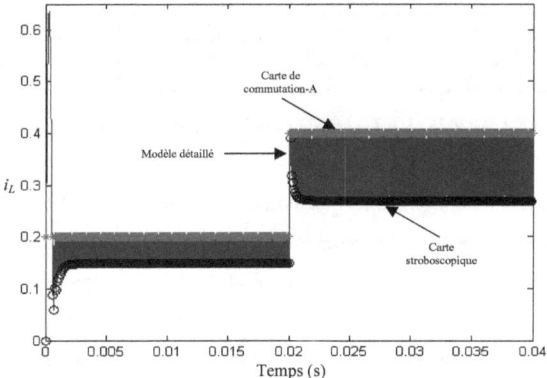

Figure 2-10 Réponse du système

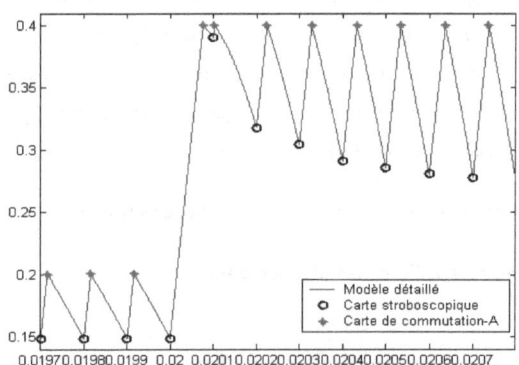

Figure 2-11 Zoom sur la réponse du système

II.5.2. Evaluation en termes du temps de calcul et de taille des données

Afin de présenter les performances de la technique de modélisation proposée en termes de temps de calcul et d'espace mémoire, nous comparons l'approche proposée avec les deux techniques de modélisation : discrète approximée et détaillée. Une quantification de ces deux indices de performance est illustrée dans le tableau suivant :

	Temps de calcul moyen	Taille des données [Ko]
Modèle discret approximé	204 ms	59
L'approche proposée	1,98 s	59
Modèle détaillé, 5 points/configuration	2,05 s	139
Modèle détaillé, 7 points/configuration	4,06 s	189
Modèle détaillé, 10 points/configuration	7,66 s	264
Modèle détaillé, 20 points/configuration	28,22 s	514

Table II-1 Temps de calcul et espace mémoire

Une bonne description du comportement du système, en utilisant le modèle détaillé, nécessite au moins 5 points (échantillons) par configuration et ainsi un temps de calcul supérieur à celui de l'approche proposée. On note que le temps de calcul de l'approche proposée est obtenu par la forme générale de la solution (en utilisant les organigrammes des figures (2-8) et (2-9)). De ce fait, on note la possibilité de réduire ce temps en calculant les valeurs propres de la matrice d'état et en précisant les expressions actives des organigrammes (Fig. (2-8) et (2-9)) hors lignes.

Au niveau de la taille de données, l'approche proposée assure, comme le montre le tableau II-1, la même taille de données que le modèle discret approximée mais moins que le modèle détaillé. De ce fait, on peut dire que notre approche présente un bon compromis entre ces deux techniques de modélisation. D'un côté, elle assure le même degré de fidélité (exactitude) que le modèle détaillé et d'un autre côté, grâce à sa nature discrète, elle nécessite un temps de calcul et un espace mémoire moindres que ceux du modèle détaillé.

II.5.3. Exploration des comportements anormaux du convertisseur

II.5.3.1. Convertisseur en MCC contrôlé en courant

Exemple 1

En MCC, le convertisseur boost possède deux configurations, dans chacune, le système peut être décrit par un ensemble d'équations différentielles. Si le convertisseur est commandé en mode courant, le convertisseur passe de la première topologie (sw fermé) à la seconde (sw ouvert) si le courant atteint la référence I_{ref}. Une impulsion d'horloge est ensuite nécessaire pour retourner à la première configuration. L'évolution de l'état du système d'un cycle d'horloge à un autre peut être décrite en utilisant l'approche proposée avec un temps de séjour nul dans la troisième topologie ($t_3 = 0$). Sous la condition que l'ondulation de la tension de sortie est négligeable, la régulation du convertisseur en mode courant peut être réalisée en utilisant une loi de commande de type retour d'état donnée par [Ban, 98][Gue, 05b] :

$$d(n) = \frac{L}{T\left(r_L + r_{SW}\right)} \ln\left(\frac{E - \left(r_L + r_{sw}\right) i_L(n)}{E - \left(r_L + r_{sw}\right) I_{ref}} \right) \tag{2-18}$$

En mode courant la dynamique de la boucle interne (en courant) est plus rapide que la boucle externe (en tension), le courant de référence fourni par cette dernière peut être, considéré comme étant constant [Tse, 03]. Ainsi le schéma de commande est simplifié comme montré par la figure 2-12 [Ban, 98].

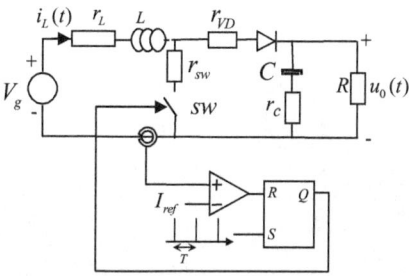

Figure 2-12 Schéma simplifié de la commande du convertisseur en mode courant

Le convertisseur utilisé dans cette partie a les caractéristiques suivantes : $r_{VD} = 0.24\Omega$, $r_{SW} = 0.3\Omega$, $r_L = 1.2\Omega$, $r_C = 0.1\Omega$, $C = 120\mu F$ avec une fréquence de commutation égale à $f_{sw} = 1/T = 500 Hz$. En utilisant la loi de commande (2-21), le comportement original du convertisseur ainsi que les différents phénomènes non linéaires exhibés par ce dernier, seront explorés dans les domaines de fonctionnement ou de contrôle donnés dans le tableau II-2.

Paramètre Param. de Bif.	$V_g [V]$	$R [\Omega]$	$L [mH]$	$I_{ref}[A]$
$V_g [V]$	[7, 50]	20	27	4
$R [\Omega]$	30	[8, 50]	27	4
$L [mH]$	20	20	[1, 30]	4
$I_{ref}[A]$	30	20	27	[1.4, 7]

Tableau II-2 Domaines de fonctionnement

En utilisant l'approche proposée, nous obtenons les diagrammes de bifurcation de la figure 2-13 :

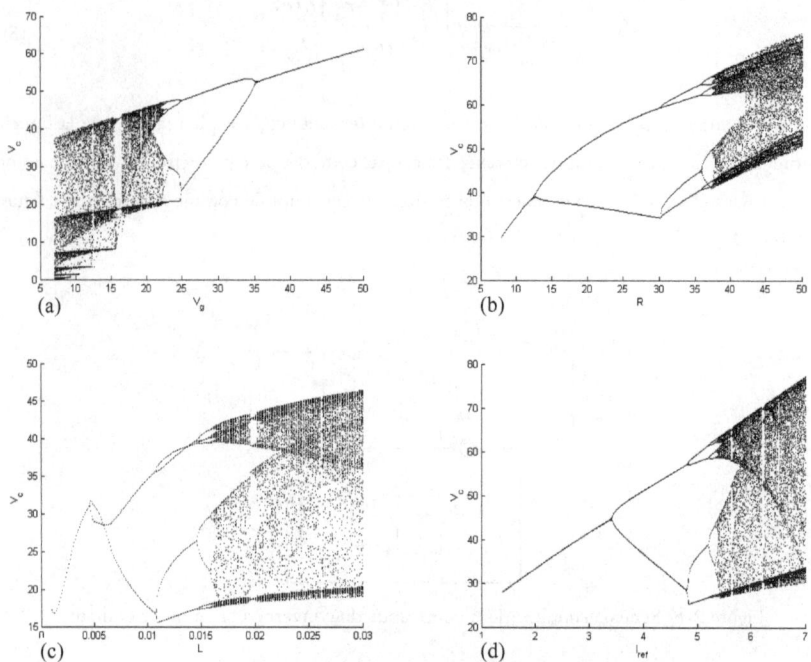

Figure 2-13 Diagrammes de bifurcation avec variation de : (a) tension d'alimentation, (b) charge, (c) inductance, (d) courant de référence.

Une quantification comparative de ces diagrammes avec ceux obtenus par [Gue, 05b] est donnée par le tableau suivant :

Comportement / Parameter de bifurcation	1T	2T	4T	8T	Chaos
Modèle discret approximé					
$V_g [V]$	[35.1, 50]	[24, 35.1]	[23.3, 24]	[22.7, 23.3]	[7, 22.7]
$R[\Omega]$	[8, 12.8]	[12.8, 30]	[30, 35.2]	[35.2, 37.5]	[37. 5, 50]
$L[mH]$	[1, 4.6]	[4.6, 10.8]	[10.8, 14.1]	[14.1, 15.8]	[15.8, 30]
$I_{ref}[A]$	[1.4, 3.4]	[3.4, 4.96]	[4.96, 5.1]	[5.1, 5.29]	[5.29, 7]
Modèle proposé					
$V_g [V]$	[36, 50]	[25, 36]	[23.2, 25]	[22.6, 23.2]	[7, 22.6]
$R[\Omega]$	[8, 11.5]	[11.5, 30.1]	[30.1, 35.5]	[35.5, 37.2]	[37.2, 50]
$L[mH]$	[1, 4.4]	[4.4, 10.7]	[10.7, 14.5]	[14.5, 15.7]	[15.7, 30]
$I_{ref}[A]$	[1.4, 3.3]	[3.3, 4.77]	[4.77, 5.17]	[5.17, 5.32]	[5.32, 7]

(nT: Period-n)

Tableau II-3 Quantification du comportement du convertisseur

À partir de la figure 2-13 et le tableau II-3, on peut remarquer que l'approche proposée donne une description fidèle du comportement du système grâce aux calculs exacts des différents termes du modèle proposé. Un décalage est observé entre les résultats du modèle discret approximé [Gue, 05b], et ceux obtenus avec l'approche proposée [Gue, 06a], dans la cas de la variation de la tension d'alimentation. Ceci est dû au fait que la tension aux bornes du condensateur, dans ce cas, passe au dessous de la tension d'alimentation, ce qui représente une violation de la condition de validité du modèle approximé [Ban, 98]. Par contre, le modèle proposé décrit le comportement du système sans aucune condition de validité.

Exemple 2

Contrairement à l'exemple précèdent les auteurs de [Cha, 97] utilisent seulement deux paramètres pour explorer les différents phénomènes non linéaires exhibés par un convertisseur boost considéré idéal et caractérisé par : $T = 0.1ms$, $V_g = 5V$, $L = 1.5mH$, $C = \dfrac{T}{\gamma R}$, $R = 40\Omega$

Les auteurs introduisent deux paramètres de bifurcation : primaire et secondaire. Chacun de ces paramètres trace, d'une manière spécifique, une route vers le chaos comme l'illustre la figure 2-14. Le courant de référence est utilisé comme étant le paramètre primaire de bifurcation alors que le facteur $\gamma = \dfrac{T}{CR}$ est utilisé comme le secondaire.

Les auteurs prouvent, par simulation, que les deux routes vers le chaos : via la quasi périodicité et le doublement de la période peuvent être considérés comme une partie d'un autre type de bifurcation, où la quasi périodicité se transforme en une séquence de doublement de la période comme montré sur la figure 2-14.

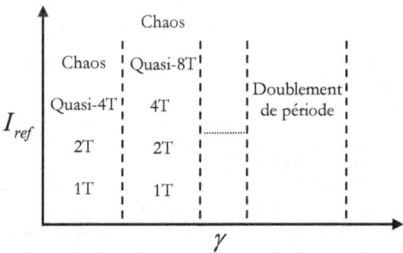

Figure 2-14 Routes au chaos avec les deux paramètres

Le schéma de commande est le même que celui de la figure 2-12. Les éléments étant considérés idéaux, la loi de commande est simplifiée sous la forme suivante :

$$d(n) = \frac{L}{T}\left(\frac{I_{ref} - i_L(n)}{E}\right) \qquad (2\text{-}19)$$

En utilisant l'approche proposée, les résultats obtenus sont illustrés par la figure 2-15.

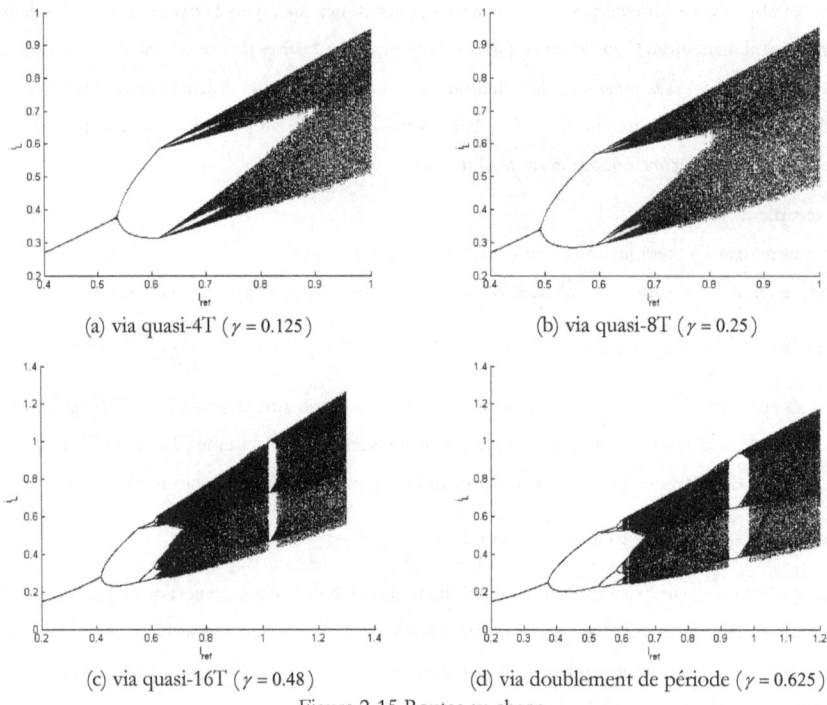

(a) via quasi-4T ($\gamma = 0.125$) (b) via quasi-8T ($\gamma = 0.25$)

(c) via quasi-16T ($\gamma = 0.48$) (d) via doublement de période ($\gamma = 0.625$)

Figure 2-15 Routes au chaos

La quantification de ces résultats est donnée dans le tableau suivant :

	1T	2T	4T	8T	Route au chaos via
	Paramètre primaire de bifurcation (I_{ref}) A				
paramètre secondaire de bifurcation (γ)					
$\gamma = 0.125$	[0.4, 0.53]	[0.53, 0.614]	-	-	Quasi-4T [0.614, …]
$\gamma = 0.25$	[0.4, 0.48]	[0.48, 0.592]	[0.592, 0.614]	-	Quasi-8T [0.614, …]
$\gamma = 0.48$	[0.4, 0.41]	[0.41, 0.553]	[0.553, 0.607]	[0.607, 0.618]	Quasi-16T [0.618, …]
$\gamma = 0.625$	[0.2, 0.366]	[0.366, 0.53]	[0.53, 0.581]	[0.581, 0.601]	Doublement de période

Table II-4 Quantification du comportement du convertisseur

Les résultats obtenus avec l'approche proposée, montrent que pour $\gamma = 0.125$, le convertisseur se dirige vers le chaos via successivement la période 1, période 2 et quasi-4T. Pour $\gamma = 0.25$ le comportement quasi-4T, observé précédemment, se transforme en période 4 et la route vers le chaos sera dans ce cas via la quasi-8T. Nous remarquons également, que la longueur de chacun des domaines de fonctionnement en (1T) et en (2T) se réduit quand on passe de $\gamma = 0.125$ à $\gamma = 0.25$ (Tab. II-4); permettant ainsi la naissance de deux nouveaux comportements à savoir : période 4 et quasi-8T. Pour les valeurs 0.48 et 0.625 du paramètre secondaire, la longueur de chacun des comportements continue à diminuer. Elle permet ainsi l'apparition de nouveaux comportements jusqu'au point où le chaos est atteint par le doublement de la période. On peut noter aussi sur les figures (2-15c) et (2-15d) l'apparition d'un nouveau comportement dit "intermittence" où au milieu du chaos, on voit de nouveaux cycles périodiques mais cette fois-ci de période 3.

L'algorithme proposé est exécuté en un temps moindre et avec moins d'espace alloué que la méthode décrite dans [Cha, 97]. Les différentes comparaisons menées ont montré la fiabilité de notre méthode.

On note que la distinction entre la quasi périodicité et le chaos, à notre connaissance, est impossible sur les diagrammes de bifurcation. Pour cela, les comportements en quasi périodicité seront identifiés par l'analyse de Fourier alors que le début du chaos sera détecté par le calcul de l'exposant de Lyapunov. En effet, ce dernier est donné par la figure 2-16 pour $\gamma = 0.125$ et montre que le chaos aura lieu à partir de $I_{ref} = 0.77A$. Pour une référence $I_{ref} = 0.68A$ et $\gamma = 0.125$, le spectre du courant d'inductance est donné par la figure 2-17. Nous constatons en plus de la composante continue, l'existence de deux raies spectrales. Le rapport entre les deux fréquences, correspondantes est irrationnel et est égale à 1.9413. Ceci confirme le comportement quasi périodique du système en ce point de fonctionnement.

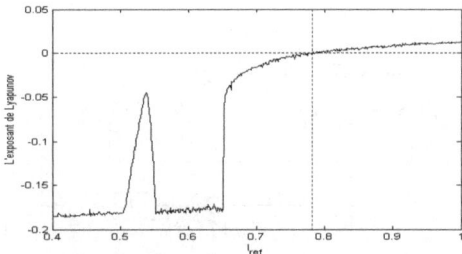

Figure 2-16 Exposant de Lyapunov pour $\gamma = 0.125$

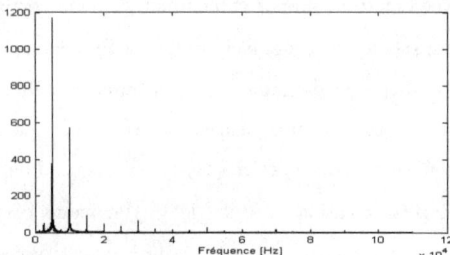

Figure 2-17 Spectre de Fourrier pour $\gamma = 0.125$ et $I_{ref} = 0.68A$

II.5.3.2. Convertisseur en MCD contrôlé en tension

Dans [Tse, 94], le convertisseur est contrôlé en tension comme montré sur la figure 2-18 pour atteindre une référence de $V_{ref} = 25V$, et fonctionnant en MCD. Les paramètres utilisés pour ce convertisseurs sont : $V_g = 16V$, $L = 208\mu H$, $C = 222\mu F$, $R = 12.5\Omega$ avec une période du MLI égale à $T = 333\mu s$. Selon le schéma du système, la loi de commande est donnée par :

$$d(n) = D + k\left(V_{ref} - u_0(n)\right) \qquad (2\text{-}20)$$

où k est le gain du retour d'état qui sera utilisé comme le paramètre de bifurcation et D la valeur du rapport cyclique en régime permanant. Cette valeur peut être obtenue à partir du modèle discret approximé en résolvant l'équation $x_{n+1} = x_n$ dans la mesure où cette expression n'est valable qu'en régime permanant. Néanmoins, le modèle est approximé et cela influe sur l'exactitude de la valeur du rapport cyclique D obtenu. De plus la solution obtenue n'est valable que si le système fonctionne en période 1. Pour souci de simplicité, dans cette étude, nous préférons calculer la valeur du rapport cyclique à partir de l'analyse en composante continue du système. En utilisant l'approche proposée, nous obtenons le digramme de bifurcation de la figure 2-19.

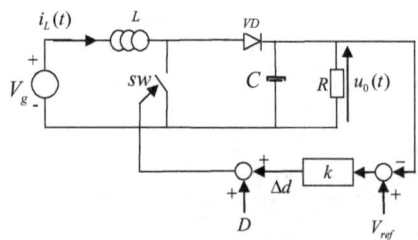

Figure 2-18 Convertisseur boost contrôlé en tension

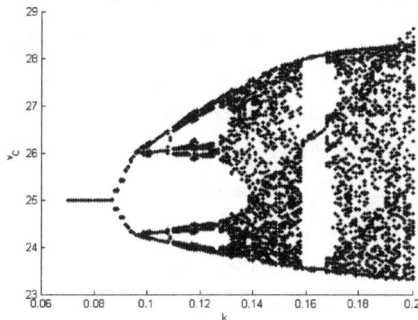

Figure 2-19 Diagramme de bifurcation du convertisseur contrôlé en tension

Dans [Tse, 94], l'auteur a présenté le diagramme de bifurcation de la figure 2-19 en utilisant deux modèles. Le premier étant le modèle discret approximé présente l'avantage d'être plus performant en termes de temps de calcul et d'espace mémoire. Néanmoins, il ne peut assurer qu'une description approximative du système. Le second utilisé est le modèle détaillé qui permet de valider les résultats obtenus avec le premier modèle. On remarque un décalage entre les diagrammes dû aux erreurs d'approximation. Ainsi, notre approche peut être considérée comme un bon compromis entre les deux approches précédentes : on obtient une description du comportement du convertisseur avec le même degré d'exactitude que le modèle détaillé tout en diminuant le temps de calcul et l'espace mémoire de stockage.

II.5.4. Modèle détaillé en se basant sur l'approche proposée

Le modèle détaillé est utilisé, généralement, pour la validation des résultats, pour le développement d'un outil d'analyse (plan de phase, analyse de Fourrier) ou pour décrire le comportement intra-cycle du convertisseur.

En utilisant le convertisseur contrôlé en tension (figure 2-18), un modèle détaillé peut être obtenu à partir de l'approche proposée. En effet, la dynamique intra-cycle du système peut être calculée par la division de l'intervalle de temps de chaque configuration en sous-intervalles. Cet objectif peut être atteint de deux façons : soit avec un pas fixe soit avec un pas variable et un nombre fixe de sous-intervalles dans chacune des configurations. Dans notre cas, nous privilégions la seconde solution, pour ne pas avoir une perte d'informations. De plus, la première solution nécessite l'ajout d'une tâche supplémentaire pour la vérification de la synchronisation du modèle avec la dynamique du système.

La dynamique du système dans une configuration est obtenue par la description de son évolution d'un sous-intervalle à un autre. Il s'agit de calculer la matrice de transition et son intégrale en utilisant les algorithmes développés précédemment sans pour autant changer ni la matrice d'état ni le vecteur de contrôle. Le passage d'une configuration à une autre est caractérisé par le changement de la matrice d'état et du vecteur de contrôle. La valeur finale de la configuration actuelle sera utilisée comme une condition initiale pour le calcul du premier pas de la configuration suivante.

Parmi les outils d'analyse basés sur le modèle détaillé, on trouve : la réponse temporelle du système et le plan de phase. Dans notre étude, ces outils seront utilisés pour identifier et analyser les comportements anormaux du convertisseur. Les figures (2-20a) et (2-20b) sont obtenues en utilisant un gain $k = 0.07$. En analysant ces figures, nous pouvons déduire que le système opère en MCD et fonctionne en période 1. Ceci est dû au fait que la réponse du système à une période en régime permanent égale à T. La même conclusion peut être déduite du plan de phase où la période 1 est caractérisée par une seule courbe fermée, et une seule valeur maximale du courant d'inductance est atteinte.

Le fonctionnement en période 2 peut être obtenu en utilisant $k = 0.095$. Ce comportement est caractérisé par la réponse du système et le plan de phase donnés respectivement par les figures (2-21a) et (2-21b). A partir de la réponse temporelle du système, on peut distinguer le doublement de la période. Ceci peut être également déduit à partir du plan de phase où on a deux courbes fermées avec deux maximums du courant d'inductance.

Avec l'augmentation du gain k, l'analyse et la prédiction du comportement du system devient de plus en plus difficile (Fig. 2-22 et 2-23) jusqu'à ce que le système rentre en chaos et la prédiction de son comportement devient impossible (figure 2-24).

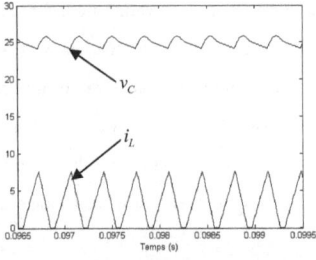
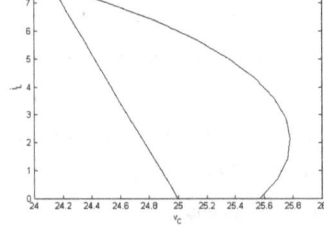

(a) réponse en régime permanent   (b) plan de phase

Figure 2-20 Comportement 1T ($k = 0.07$)

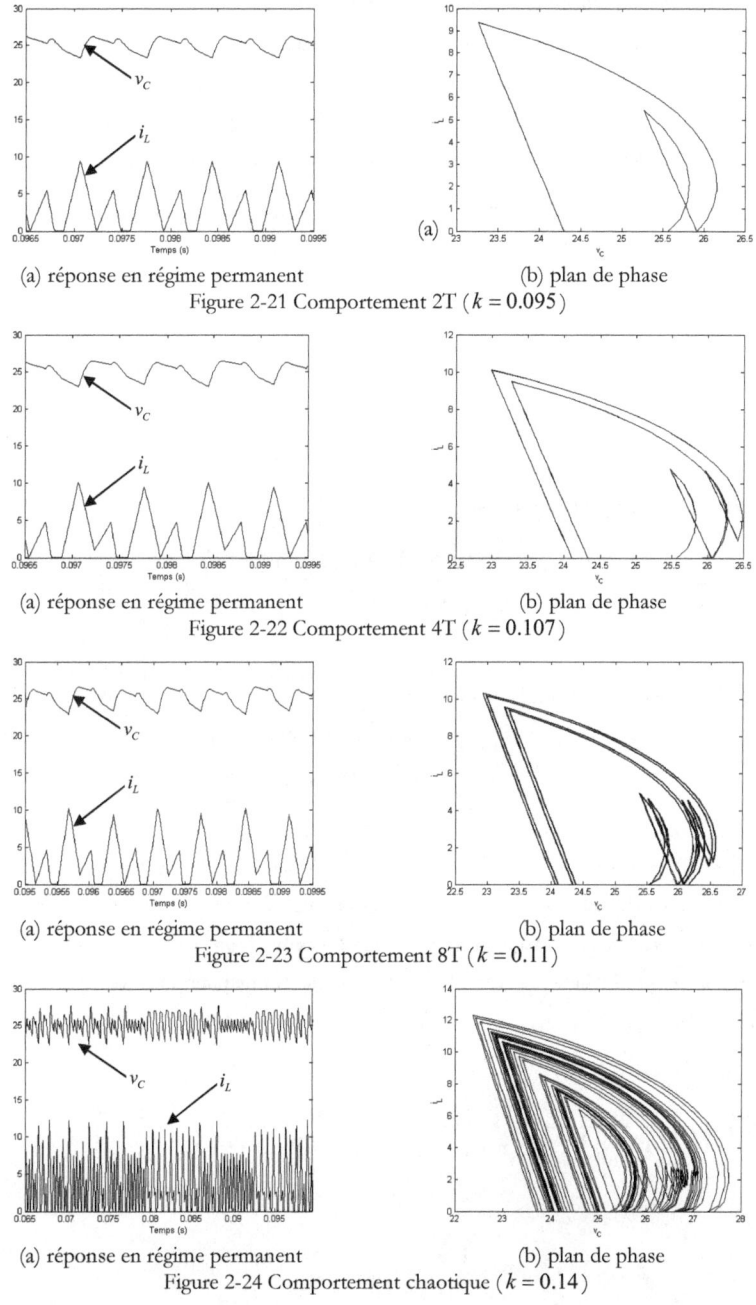

(a) réponse en régime permanent   (b) plan de phase

Figure 2-21 Comportement 2T ($k = 0.095$)

(a) réponse en régime permanent   (b) plan de phase

Figure 2-22 Comportement 4T ($k = 0.107$)

(a) réponse en régime permanent   (b) plan de phase

Figure 2-23 Comportement 8T ($k = 0.11$)

(a) réponse en régime permanent   (b) plan de phase

Figure 2-24 Comportement chaotique ($k = 0.14$)

II.5.5. Analyse du comportement original du convertisseur statique

L'utilisation de la carte itérée avec un simple retour d'état a permis, comme illustré précédemment, d'explorer les différents comportements non linéaires du convertisseur statique. Afin de simplifier l'analyse du mécanisme de la bifurcation lors du changement des paramètres du système, on considère que le MCC est actif et ainsi l'état du système sera décrit par :

$$x((n+1)T) = \Phi_2(t_2)\Phi_1(t_1)x(nT) + \Phi_2(t_2)\int_{nT}^{(n+d)T}\Phi_1((n+d)T-\tau)B_1v_g\,d\tau$$
$$+ \int_{(n+d)T}^{(n+1)T}\Phi_2((n+1)T-\tau)B_2v_g\,d\tau \tag{2-21}$$

où $t_1 = d_nT = t'_n - t_n$ et $t_2 = (1-d_n)T = t''_n - t'_n$.

En utilisant la propriété suivante de la matrice de transition,

$$\int_a^b \Phi_i(t_f - \tau)d\tau = \int_0^{b-a}\Phi_i(t_f - a - \tau)d\tau \tag{2-22}$$

le modèle du système peut être simplifie en :

$$x((n+1)T) = \Phi_2(t_2)\Phi_1(t_1)x(nT) + \Phi_2(t_2)\int_0^{t_1}\Phi_1(t_1-\tau)B_1v_g\,d\tau$$
$$+ \int_0^{t_2}\Phi_2(t_2-\tau)B_2v_g\,d\tau \tag{2-23}$$

ou sous la forme matricielle explicite suivante :

$$\begin{bmatrix} v_C((n+1)T) \\ i_L((n+1)T) \end{bmatrix} = \begin{bmatrix} f_{11}(d_n) & f_{12}(d_n) \\ f_{21}(d_n) & f_{22}(d_n) \end{bmatrix} \begin{bmatrix} v_C(nT) \\ i_L(nT) \end{bmatrix} + \begin{bmatrix} g_1(d_n) \\ g_2(d_n) \end{bmatrix} v_g \tag{2-24}$$

Dans le cas d'une fréquence de commutation élevée, le rapport entre le temps de séjour et la constante du temps du système peut être négligé surtout pour des ordres élevés dans le développement en série de Taylor. Afin d'avoir un bon compromis entre la simplicité et la non linéarité, on propose d'utiliser l'ordre 2 dans la série de Taylor pour approximer la matrice de transition. Dans ce cas, on aura :

$$f_{11}(d_n) = \left(1 - \frac{t_1}{C(R+r_C)} + \frac{t_1^2}{2C^2(R+r_C)^2}\right)\left(1 - \frac{t_2}{C(R+r_c)} + \frac{t_2^2}{2C(R+r_C)^2}\left(\frac{1}{C} - \frac{R^2}{L}\right)\right)$$

$$f_{12}(d_n) = \left(1 - \frac{t_1(r_L + r_{SW})}{L} + \frac{t_1^2(r_L + r_{SW})^2}{2L^2}\right)\left(\begin{array}{l}\dfrac{t_2 R}{C(R + r_C)} \\[2mm] + \dfrac{t_2^2}{2}\left(-\dfrac{R}{C^2(R + r_C)^2} - \dfrac{R\left(r_L + r_{VD} + \dfrac{Rr_C}{R + r_C}\right)}{C(R + r_C)L}\right)\end{array}\right)$$

$$f_{21}(d_n) = \left(1 - \frac{t_1}{C(R + r_C)} + \frac{t_1^2}{2C^2(R + r_C)^2}\right)\left(-\frac{t_2 R}{L(R + r_C)} + \frac{t_2^2}{2}\left(\frac{R}{L(R + r_C)^2 C} + \frac{\left(r_L + r_{VD} + \dfrac{Rr_C}{R + r_C}\right)R}{L^2(R + r_C)}\right)\right)$$

$$f_{22}(d_n) = \left(1 - \frac{t_1(r_L + r_{SW})}{L} + \frac{t_1^2(r_L + r_{SW})^2}{2L^2}\right)\left(\begin{array}{l}1 - \dfrac{t_2\left(r_L + r_{VD} + \dfrac{Rr_C}{R + r_C}\right)}{L} \\[2mm] + \dfrac{t_2^2}{2}\left(-\dfrac{R^2}{C(R + r_C)^2 L} + \dfrac{\left(r_L + r_{VD} + \dfrac{Rr_C}{R + r_C}\right)^2}{L^2}\right)\end{array}\right)$$

$$g_1(d_n) = \left(\frac{t_2 R}{C(R + r_C)} + \frac{t_2^2}{2}\left(-\frac{R}{C^2(R + r_C)^2} + r_1\right)\right)\left(\begin{array}{l}\dfrac{(r_L + r_{SW})^2}{6L^3}t_1^3 + \left(\dfrac{r_L + r_{SW}}{2L^2} - \dfrac{t_1(r_L + r_{SW})^2}{2L^3}\right)t_1^2 \\[2mm] + \left(1 - \dfrac{r_L + r_{SW}}{L^2}t_1 + \dfrac{(r_L + r_{SW})^2}{2L^3}t_1^2\right)t_1\end{array}\right)$$

$$+ \left(\frac{R}{-6LC^2(R + r_C)^2} + \frac{r_1}{6L}\right)t_2^3 + \left(-\frac{R}{2LC(R + r_C)} - \frac{t_2}{2L}\left(-\frac{R}{C^2(R + r_C)^2} + r_1\right)\right)t_2^2$$

$$+ \left(\frac{t_2 R}{CL(R + r_C)} + \frac{t_2^2}{2L}\left(-\frac{R}{C^2(R + r_C)^2} + r_1\right)\right)t_2$$

$$\text{où } r_1 = -\frac{R\left(r_L + r_{VD} + \dfrac{Rr_C}{R + r_C}\right)}{C(R + r_C)L}$$

$$g_2\left(d_n\right) = \left(1 + \frac{t_2 r_2}{L} + \frac{t_2^2}{2}\left(-\frac{R^2}{C\left(R+r_C\right)^2 L} + \frac{r_2^2}{L^2}\right)\right)\left(\begin{array}{c} \left(\frac{\left(r_L+r_{SW}\right)^2}{6L^3}t_1^3 + \left(\frac{\left(r_L+r_{SW}\right)}{2L^2} - \frac{\left(r_L+r_{SW}\right)^2}{2L^3}t_1\right)t_1^2\right) \\ + \left(1 - \frac{t_1\left(r_L+r_{SW}\right)}{L^2} + \frac{t_1^2\left(r_L+r_{SW}\right)^2}{2L^3}\right)t_1 \end{array}\right)$$

$$+ \left(-\frac{R^2}{6C\left(R+r_C\right)^2 L^2} + \frac{r_2^2}{6L^3}\right)t_2^3 - \left(\frac{r_2}{2L^2} + \frac{t_2}{2L^2}\left(-\frac{R^2}{C\left(R+r_C\right)^2} + \frac{r_2^2}{L}\right)\right)t_2^2$$

$$+ \left(1 + \frac{t_2 r_2}{L^2} + \frac{t_2^2}{2L^2}\left(-\frac{R^2}{C\left(R+r_C\right)^2} + \frac{r_2^2}{L}\right)\right)t_2$$

où $r_2 = -r_L - r_{VD} - \dfrac{Rr_C}{R+r_C}$

Afin de détecter la première bifurcation, on doit calculer la matrice $J = \begin{bmatrix} J_{11} & J_{12} \\ J_{21} & J_{22} \end{bmatrix}_{v_C = V_C \wedge i_L = I_L}$ à

chaque point d'équilibre $\left(V_C, I_L\right)$. Les éléments de cette matrice sont :

$$J_{11} = f_{11}\left(d_n\right) + \left(\frac{\partial f_{11}}{\partial d_n}v_C\left(nT\right) + \frac{\partial f_{12}}{\partial d_n}i_L\left(nT\right) + \frac{\partial g_1}{\partial d_n}v_g\right)\frac{\partial d_n}{\partial v_C}$$

$$J_{12} = f_{12}\left(d_n\right) + \left(\frac{\partial f_{11}}{\partial d_n}v_C\left(nT\right) + \frac{\partial f_{12}}{\partial d_n}i_L\left(nT\right) + \frac{\partial g_1}{\partial d_n}v_g\right)\frac{\partial d_n}{\partial i_L}$$

$$J_{21} = f_{21}\left(d_n\right) + \left(\frac{\partial f_{21}}{\partial d_n}v_C\left(nT\right) + \frac{\partial f_{22}}{\partial d_n}i_L\left(nT\right) + \frac{\partial g_2}{\partial d_n}v_g\right)\frac{\partial d_n}{\partial v_C}$$

$$J_{22} = f_{22}\left(d_n\right) + \left(\frac{\partial f_{21}}{\partial d_n}v_C\left(nT\right) + \frac{\partial f_{22}}{\partial d_n}i_L\left(nT\right) + \frac{\partial g_2}{\partial d_n}v_g\right)\frac{\partial d_n}{\partial i_L}$$

Si l'on adopte la loi de commande (2-18) et on considère le convertisseur de la figure 2-12 avec $r_{VD} = 0.24\Omega$, $r_{SW} = 0.3\Omega$, $r_L = 1.2\Omega$, $r_C = 0.1\Omega$, $C = 120\mu F$ et une fréquence de commutation $f_{sw} = 1/T = 2KHz$ pour reproduire le diagramme de bifurcation (Fig. 2-15d) en variant le courant de référence dans l'intervalle $I_{ref} \in \left[4, 6\right]A$. On note que le choix de la fréquence ($f_{sw} = 2KHz$) mène à une erreur d'approximation maximale égale à 0.37% qui peut être considérée négligeable.

En comparant les figures (2-15d) et (2-25), on note la transformation de la route vers le chaos via doublement de période (Fig. 2-15d, $T = 1/500\,s$) en une autre route mais via la quasi périodicité (quasi-4T) (Fig. 2-25, $T = 1/2000\,s$) à cause de l'augmentation de la fréquence de commutation. Ceci confirme la transformation de la route vers le chaos illustrée sur la figure 2-14.

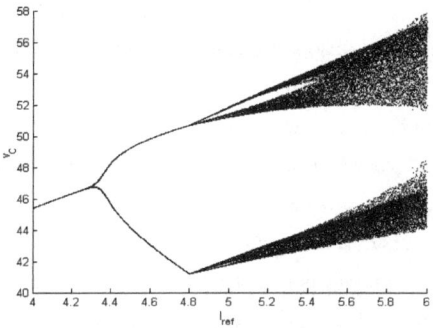

Figure 2-25 Diagramme de bifurcation pour $f_{sw} = 2KHz$

L'évolution des valeurs propres de la matrice Jacobienne en fonction de la variation du courant de référence est donnée dans le tableau II-5. On remarque que les valeurs propres s'approchent du cercle unitaire avec l'augmentation du courant de référence I_{ref}. Pour des valeurs inférieures à $4.3A$, le convertisseur fonctionne en période 1. Si la référence atteint $4.3A$, alors l'une des valeurs propres touche le cercle unitaire dans le sens négatif, provoquant ainsi une bifurcation de type « *fourche super critique* » où la solution stable bifurque en deux solution stables.

I_{ref}	I_L, V_C, D	Valeurs propres de J
4	3.80, 45.39, 0.44	-0.91, 0.6563
4.1	3.89, 45.86, 0.45	-0.94, 0.6566
4.2	3.99, 46.31, 0.46	-0.97, 0.6569
4.3	4.09, 46.73, 0.46	**-1.00**, 0.6570

Tableau II-5 Mécanisme de la première bifurcation

L'étude analytique de la stabilité du système en périodes supérieures à 1 est plus complexe que dans le cas de la période 1. Pour cela une approximation numérique de la matrice Jacobienne est généralement utilisée. Dans notre travail, on se limitera à la stabilité de la période 1, car les autres périodes sont généralement indésirables en régulation et rendent la prédiction de la réponse du système difficile ou même impossible si le système devient chaotique. Le décalage ou l'élimination de l'apparition prématurée de ces phénomènes non linéaires et non souhaités peut être une alternative.

II. 6. Conclusion

Ce chapitré a été dédié à la modélisation discrète d'un convertisseur boost. En effet, après avoir discuté les différentes limitations des méthodes de modélisation de la littérature, nous avons introduit quelques améliorations permettant d'allier les avantages des approches existantes en évitant ou atténuant leurs inconvénients. Ceci nous a permis, d'une part, de décrire le système le plus fidèlement possible, sans introduire des hypothèses simplificatrices ou des conditions de validité du modèle. D'autre part, la nature discrète du modèle a permis de minimiser le temps de calcul et l'espace mémoire nécessaire pour la simulation. De plus, la technique proposée peut être appliquée pour tous les modes de commande et de conduction. La validation de cette approche a été effectuée sur un convertisseur boost fonctionnant en cycle limite (comportement normale).

Nous avons ensuite exploré les différents comportements anormaux du convertisseur avec une analyse analytique du mécanisme de la première bifurcation. Nous avons montré qu'à partir des résultats obtenus, le convertisseur peut présenter des comportements difficilement prédictibles ou imprédictibles et par conséquent peu exploitables pour la régulation. De plus, ces comportements compliquent l'analyse du comportement du système ainsi que la mise en œuvre du contrôleur adéquat. Pour pallier ce problème, nous traiterons dans les chapitres suivants le problème de la régulation du convertisseur statique, tout en assurant la stabilité du système bouclé et l'élimination des phénomènes non linéaires exhibés par le convertisseur lors de la variation de ses paramètres.

Chapitre 3

Synthèse du contrôleur flou : 1ère approche

III. 1. Introduction

Contrairement à l'automatique linéaire, l'automatique non linéaire ne dispose pas de solutions universelles ni pour l'analyse des systèmes ni pour la conception de leurs contrôleurs. L'analyse et la commande de ces systèmes ne sont pas, toujours, des tâches faciles. La plupart des travaux dans la littérature proposent des approches qui sont, généralement, limitées à des formes bien particulières de systèmes [Slo, 91], [Kha, 96], [Cha, 00], [Cha, 01]. De plus, les performances assurées sont, souvent, au prix de la complexité du schéma de commande et du développement théorique utilisé.

La plupart des approches de commande non linéaires exigent la disponibilité d'un modèle mathématique du système. Les performances assurées seront directement liées à l'exactitude du modèle utilisé. Pour résoudre ces problèmes, l'utilisation des contrôleurs basés sur l'expertise humaine peut être une alternative. Ils présentent l'avantage de tolérer l'incertitude du modèle et compensent son effet. Parmi ces approches, on trouve la commande par logique floue qui permet la commande des systèmes dont on dispose d'informations linguistiques qui peuvent porter aussi bien sur le modèle que sur la commande [Haj, 05], [Pag, 05]. Les incertitudes ainsi que les non linéarités négligées lors de la modélisation mathématique du processus peuvent être aussi compensées par les contrôleurs flous [Kol, 04], [Gue, 05a]. Ces contrôleurs ont connu beaucoup de succès et devenus un sujet dominant dans le domaine de la recherche des systèmes intelligents [Li, 96], [Rav, 97], [Car, 00], [Dio, 03], [Gue, 04], [Li, 05], [Eke, 06].

L'utilisation des contrôleurs flous pour la commande des convertisseurs statiques permet d'avoir de meilleures performances et de compenser les non linéarités négligées ainsi que les différents contraintes imposées sur la modélisation du processus. En effet, comme montré dans [Kol, 04], la résistance interne du condensateur, peut influer sur la stabilité du système en utilisant un PID classique, alors que l'effet de celle-ci peut être compensé par un contrôleur flou. Dans le souci d'améliorer les performances du contrôleur flou, une étude comparative, avec le PID classique proposé dans [Kol, 04], a été présentée dans [Gue, 05a]. Une autre étude comparative entre trois contrôleurs d'un convertisseur buck, a montré l'avantage d'un contrôleur flou par rapport au mode glissant et au proportionnel intégral classique (PI) [Rav, 97]. Dans le même contexte, il a été montré dans [Vis, 02] qu'un contrôleur flou assure de meilleures performances qu'un PI classique dans le cas de la variation du point de fonctionnement. Dans [Dio, 03], les auteurs présentent un contrôleur PID classique dont les paramètres sont déduits à partir du modèle linéaire simplifié du convertisseur. Afin de compenser les non linéarités négligées lors de la modélisation, un système flou est introduit pour ajuster le gain de sortie du contrôleur PID.

Un contrôleur flou peut avoir plusieurs structures, parmi lesquelles ceux qui sont similaires aux contrôleurs classiques. L'analogie existant entre les deux structures permet d'exploiter le support théorique des approches classiques, et de trouver des méthodes, plus ou moins, systématiques pour la conception du contrôleur flou et le réglage de ses paramètres. En effet, l'analogie avec le PID classique peut être utilisée pour la synthèse du contrôleur flou [Jan, 90], [Li, 05]. La technique du plan de phase a été utilisée dans [Li, 96] pour la conception d'une base de règles robuste de plusieurs structures du contrôleur flou. En exploitant la robustesse de la commande à structure variable, il a été prouvé dans [Li, 97], qu'avec un choix judicieux de la base de règles, le contrôleur flou à deux entrées peut se comporter comme une commande par mode glissant et le critère de Lyapunov peut être utilisé pour l'analyse de stabilité du système. Cette idée a été étendue pour donner naissance à un PID flou à deux entrées avec un développement mathématique plus rigoureux et un raisonnement flou optimal [Li, 05].

Les travaux menés dans cette partie concerne la synthèse d'un contrôleur flou par analogie avec un contrôleur PID classique. Cette analogie sera utilisée pour la définition des différents gains du contrôleur flou ainsi que pour l'affinement de leur réglage. Ce chapitre est organisé comme suit : nous introduisons, tout d'abord, les notions de base et le vocabulaire de la logique flou. Ensuite, la commande floue sera introduite avec une classification des contrôleurs flous existants et nos motivations du choix de la structure à utiliser. En se basant sur le modèle à petit signaux du convertisseur, nous présentons, ensuite une méthode simple pour la synthèse du contrôleur flou dont la structure est analogue à celle du PID classique et permettant la commande du convertisseur en mode tension.

III. 2. Généralités sur la logique floue

Les bases théoriques de la logique floue ont été établies par le professeur Lotfi A. Zadeh [Zad, 65]. Cette logique permet d'exploiter les l'informations linguistiques de l'expert humain et décrivant le comportement dynamique d'un processus ou la stratégie de commande.

L'intérêt de la logique floue réside dans sa capacité à traiter et manipuler l'imprécis, l'incertain et les informations vagues. Sa capacité est issue de l'aptitude de l'être humain à décider d'une façon pertinente malgré la nature floue des connaissances disponibles. En effet, l'opérateur humain peut définir des stratégies de commande de façon linguistique avec un minimum de connaissance sur le processus. La logique floue traduit cette stratégie en un ensemble de règles de la forme « Si 'Observation' Alors 'Décision' » où « Si 'Prémisse' Alors 'Conclusion' », qui peuvent être utilisées pour l'identification des systèmes comme pour leurs commandes.

La première utilisation de la logique floue en commande date des années 70 dans le travail de Mamdani [Mam, 74]. Il a développé un type de contrôleurs flous où la partie conclusion est symbolique. Ce type de contrôleurs présente deux inconvénients majeurs. Le premier réside dans la contrainte de temps, car le calcul de l'agrégation des règles et de la défuzzification peut être discriminatoire dans le cas de la commande des systèmes électriques. L'utilisation d'un tel contrôleur est donc conseillée uniquement pour des systèmes lents ou pour lesquels le temps de calcul n'est pas un paramètre prédominant. Le deuxième inconvénient, du moins du point de vue purement théorique, réside dans la mise en œuvre heuristique, ne prenant en compte aucun critère de stabilité ou de robustesse de la théorie de la commande.

Un deuxième type de contrôleurs flous a été développé à partir des années 80 par Takagi et Sugeno [Tak, 83], [Tak, 85]. Ces contrôleurs dont les conclusions des règles sont des fonctionnelles, se présentent sous forme analytique exacte et compatible avec les outils de l'automatique. Par conséquent, ils peuvent être considérés comme une classe particulière de contrôleurs non linéaires. De part leurs structures ils s'y prêtent bien à l'étude de la stabilité et de la robustesse.

III.2.1. Système flou

Les systèmes flous permettent d'exploiter et de manipuler efficacement les informations linguistiques émanant de l'expert humain grâce un arsenal théorique important [Buh, 94], [Yin, 00]. De plus, le système mis en œuvre peut être intégré facilement dans une boucle de commande ou d'indentification. La structure de base d'un système flou se divise en trois parties principales comme montré dans la figure 3-1.

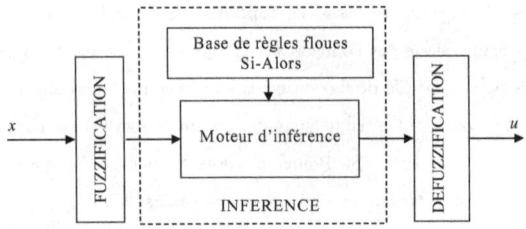

Figure 3-1 Système flou

III.2.1.1.Fuzzification

L'entrée x varie dans un domaine appelé univers de discours X, partagé en un nombre fini d'ensembles flous[1] de telle sorte que dans chaque zone il y ait une situation dominante. Afin de faciliter le traitement numérique et l'utilisation des ces ensembles, on les décrit par des fonctions convexes dite d'appartenance. Elles admettent comme argument la position de x dans l'univers de discours, et comme sortie le degré d'appartenance de x à la situation décrite par la fonction. La figure 3-2 donne quelques exemples de fonctions d'appartenance.

---

[1] Un ensemble $E \subset X$ est dit flou, si on peut associer à un élément $x \in X$ un degré de vérité entre « il appartient 100% à E » et « il n'appartient pas à E ».

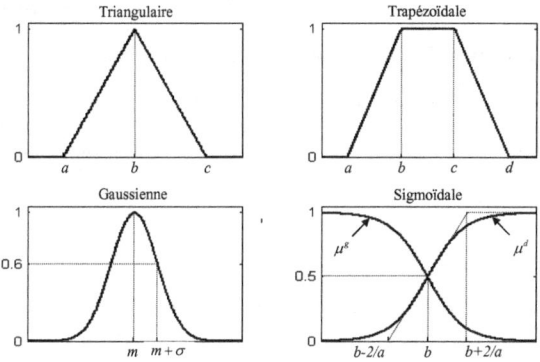

Figure 3-2 Fonctions d'appartenance

Il est à noter qu'il existe une autre forme de fonctions d'appartenance appelée singleton qui est largement utilisée dans les systèmes flous de type Takagi-Sugeno (TS). Cette fonction est définie par :

$\mu(x) = 1$ si $x = x_0$ et $\mu(x) = 0, \forall x \neq x_0$ où l'ensemble se limite à un seul élément $E = \{x_0\}$. Un exemple de singleton est donné en figure 3-3.

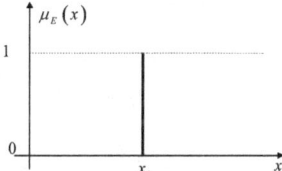

Figure 3-3 Fonction d'appartenance : singleton

La fuzzification proprement dite consiste à définir des fonctions d'appartenances pour les différentes variables linguistiques. Ceci a pour but la conversion d'une grandeur physique en une linguistique. Il s'agit d'une projection de la variable physique sur les ensembles flous caractérisant cette variable. Cette opération permet d'avoir une mesure précise sur le degré d'appartenance de la variable d'entrée à chaque ensemble flou.

Afin de garantir la couverture uniforme de l'univers de discours et d'éviter les indécisions ou les confusions entre les règles, on doit vérifier les propriétés suivantes :

➤ Complémentarité : des ensembles flous E_1, ..., E_N sont dits complémentaires, si pour tout élément x de l'univers de discours, il existe au moins un ensemble flou $E_{i,1\leq i\leq N}$, tel que le degré d'appartenance de x à E_i est non nul.

➤ Consistance : des ensembles flous E_1, ..., E_N sont dits consistants si un élément x vérifie $\mu_{E_i}(x) = 1$, alors $\mu_{E_j}(x) < 1$ pour tout $j \neq i$.

III.2.1.2.Moteur d'inférence

Les connaissances de l'opérateur humain sur un processus donné sont transformées en un ensemble de règles floues de la forme suivante :

$$\text{Si prémisse } \textbf{Alors} \text{ conclusion} \tag{3-1}$$

où la prémisse est un ensemble des conditions liées entre elles par des opérateurs flous. La partie conclusion peut être une action dans le cas de commande ou une description d'évolution dans le cas d'identification. Les opérateurs flous utilisés dans la partie prémisses sont les conjonction : "ET", "OU".

L'interprétation de ces conjonctions dépend directement du type du moteur d'inférence adopté [Buh, 94], [Yin, 00]. La relation entre la prémisse et la conclusion "**Alors**" peut être traduite par le produit ou le minimum.

Dans ce travail, on s'intéressera aux systèmes flous de type Takagi-Sugeno à conclusion constante dont la

$j^{ème}$ règle floue est donnée par :

$$\text{SI } x_1 \text{ est } E_1^j \text{ ET } x_2 \text{ est } E_2^j \text{ ET...ET } x_n \text{ est } E_n^j \text{ ALORS } u_j = c_j \tag{3-2}$$

où x_i ($i = 1,...,n$) sont les entrées du système flou. E_i^j l'ensemble flou correspondant à l'entrée x_i. c_j un singleton et u_j la sortie de la $j^{ème}$ règle. L'opérateur "ET" est interprété par le produit algébrique et "**Alors**" par le produit.

La sortie du système flou fait intervenir, généralement, plusieurs règles floues. La liaison entre ces règles se fait par l'opérateur "OU", ainsi la conclusion finale u sera :

$$u \text{ est : } u_1 \textbf{ OU } u_2 \textbf{ OU... OU } u_m. \tag{3-3}$$

L'agrégation des règles définie par "OU" est obtenue par la somme algébrique.

III.2.1.3.Défuzzification

La commande nécessitant un signal précis, il faudrait donc transformer la fonction d'appartenance résultante obtenue à la sortie du moteur d'inférence en une valeur précise. Cette opération est appelée défuzzification. Parmi les méthodes publiées dans la littérature [Buh, 94], [Pas, 98], [Yin, 00], on peut citer :

- ✓ Le centre de gravité
- ✓ La méthode de la hauteur
- ✓ La méthode de la hauteur modifiée
- ✓ La méthode de la valeur maximum
- ✓ La méthode de la moyenne des centres

Dans ce travail, on utilisera le centre de gravité [Pas, 98]. Cette méthode permet d'exprimer analytiquement la sortie du système flou, de simplifier sa mise en œuvre et de réduire le temps de calcul. Dans ce cas, la sortie du système flou de type Takagi-Sugeno est donnée par :

$$u = \frac{\sum_{j=1}^{m} c_j \prod_{i=1}^{n} \mu_i^j}{\sum_{j=1}^{m} \prod_{i=1}^{n} \mu_i^j} \tag{3-4}$$

où n et m sont respectivement le nombre d'entrées et celui de règles floues utilisées.

Après avoir montré les bases de la logique floue ainsi que la constitution d'un système flou, notre intérêt est de concevoir un contrôleur flou pour les convertisseurs statiques assurant la régulation de ces dispositifs.

III. 3. Synthèse du contrôleur flou proposé

Plusieurs architectures de contrôleurs flous ont été développées dans la littérature faisant appel à un ou plusieurs systèmes flous selon les performances désirées [Mat, 97], [Man, 99], [Rub, 04], [Li, 05]. Parmi celles-ci on peut distinguer trois grandes classes des contrôleurs : PI, PD et PID [Man, 99], [Li, 05].

Dans cette thèse, on s'est intéressé plus particulièrement à la classe PID car le convertisseur boost étudié présentant des oscillations en régime permanent et que l'on souhaite assurer une erreur statique nulle. Par ailleurs, dans cette classe de contrôleurs flous on peut trouver de nombreuses architectures qu'on peut résumer dans le tableau III-1.

Tableau III-1 Structures du PID flou

Remarque : la liste des structures donnée dans ce tableau n'est pas exhaustive; il existe d'autres comme celles utilisées dans [Mat, 97], [Kol, 04] et [Rub, 04] et en combinant les structures à deux entrées. L'utilité principale de cette combinaison est d'avoir la possibilité de découpler l'action PD floue de celle du PI floue. En effet, dans [Mat, 97], [Kol, 04], cette structure sert à désactiver l'action intégrale durant la totalité du régime transitoire pour éviter d'éventuels dépassements. Néanmoins, l'utilisation de deux systèmes flous complique la mise en œuvre du contrôleur et augmente son coût. Si les deux systèmes flous ont les mêmes entrées, il est plus adéquat de les fusionner en un seul système flou.

Dans ce qui suit, on présentera l'architecture adoptée pour la mise en œuvre du contrôleur flou ainsi que les motivations de ce choix. Ensuite, on présentera une méthode pour la synthèse du contrôleur flou afin d'assurer la régulation de la tension de sortie du convertisseur. Elle se base sur le modèle à petits signaux et permet de synthétiser le contrôleur flou en utilisant l'analogie avec un contrôleur PID classique dans le cas de la régulation **directe** (en mode tension) du convertisseur.

III.3.1. Choix de la structure du contrôleur

Afin d'exploiter les techniques développées pour la mise en œuvre des régulateurs PID classiques, il est judicieux que le contrôleur flou ait une structure similaire à celle de ces régulateurs [Yu, 90], [Han, 91], [Fla, 94], [Kar, 03], [Xu, 03]. En effet, leur structure simple, leur facilité de mise en œuvre, et leur faible coût ont accéléré leur adoption par le milieu industriel. Une loi de commande de type PID incrémentale est donnée par :

$$\Delta u_{PID}\left(nT_e\right) = K_P \,\Delta e\left(nT_e\right) + K_I \, T_e e\left(nT_e\right) + \frac{K_D}{T_e} \Delta^2 e\left(nT_e\right) \text{ et}$$

$$u_{PID}\left(nT_e\right) = u_{PID}\left((n-1)T_e\right) + \Delta u_{PID}\left(nT_e\right)$$

(3-5)

où $e(t)$ est l'erreur entre le signal de référence et l'état du système à commander. K_P, K_I et K_D sont respectivement les gains des actions : proportionnelle, intégrale et dérivée. Δ étant l'opérateur différence et T_e la période d'échantillonnage.

Intuitivement, suivant l'évolution du système et sa dynamique, le raisonnement de l'opérateur humain consiste, généralement, à générer la commande actuelle à partir de celle de l'instant précèdent en l'augmentant ou la diminuant. Ainsi, on peut avoir six structures de PID flou incrémentales comme montré par le tableau III-1 [Man, 99]. Les gains d'entrée ($G_e, G_{\Delta e}, G_{\Delta^2 e}$) du système flou permettent d'avoir une indépendance entre la stratégie de commande définie par les règles floues et le point de fonctionnement du système. En effet, en cas de changement important du point de fonctionnement, il suffit seulement de changer ces gains pour réadapter le contrôleur au système au lieu de reconstruire un nouveau. Les gains de sortie ($G_u, G_P, G_I, G_D, G_{PD}, G_{PI}$) servent à réajuster le taux de participation de chaque action dans la commande.

Une autre classification de ces structures peut être envisagée en se basant sur la manière dont est construite la base de règles. En effet, si le système flou infère ses entrées en une seule matrice, le contrôleur est dit à règles couplées. Dans le cas contraire, pour chaque entrée, on doit définir un système flou afin d'avoir le découplage entre les entrées dans les règles floues. Dans la plupart des cas, les structures à règles couplées sont utilisées car elles reflètent le raisonnement humain et permet ainsi de concrétiser facilement la stratégie de commande en un seul système flou au lieu de plusieurs [Man, 05].

La structure à trois entrées et à règles couplées permet d'avoir des non linéarités en trois dimensions et plus de liberté dans le choix du volume de contrôle. Néanmoins, la difficulté de cette structure réside dans la complexité de construire une base de règles en trois dimensions. En effet, si on adopte n ensembles flous pour chaque entrée, le nombre des règles floues passe de n^2 dans le cas de deux entrées à n^3 pour une structure à trois entrées. Par exemple, les auteurs de [Car, 00] utilisent cette structure avec seulement deux fonctions d'appartenance triangulaires pour chaque entrée et quatre pour la sortie du contrôleur. Cela a conduit à une partition de l'espace des variables d'entrée en trois dimensions à 48 secteurs. Après avoir exprimé la sortie du contrôleur dans chaque secteur, la stabilité est analysée par le théorème de petits gains 48 fois. En plus de la difficulté de définir la stratégie de commande à base de l'accélération de l'erreur, la mesure de celle-ci n'est pas toujours facile et augmente le coût du contrôleur.

Par ailleurs, on a des structures à une entrée qui sont certes simples mais elles n'incluent pas l'information sur la dynamique du système dans la stratégie de commande. Cette information est utilisée pour donner un aspect prédictif à la stratégie de commande. De plus, l'utilisation de l'erreur seulement comme entrée limitera la liberté de choix des non linéarités à introduire dans la stratégie de commande pour améliorer le comportement du système. Ainsi, la structure à deux entrées peut être considérée comme un compromis entre les deux structures précédemment mentionnées. En effet, la construction de la matrice d'inférence en utilisant la mesure de l'état à commander et sa vitesse d'évolution est plus compréhensible et plus proche du raisonnement humain.

III.3.2. Synthèse du contrôleur flou par analogie avec le PID classique

L'objectif de ce paragraphe est la synthèse d'un contrôleur flou en utilisant la structure à deux entrées et à règles couplées permettant d'assurer à la fois de bonnes performances, la robustesse du circuit et une flexibilité de mise en œuvre. Pour cela, on utilise le modèle à petits signaux du convertisseur en prenant en compte les résistances internes du condensateur, d'inductance ainsi que celles des interrupteurs. Pour valider l'approche proposée, plusieurs résultats de simulation ainsi qu'une étude comparative seront présentés.

La synthèse du PID classique est basée sur une approximation linéaire du comportement du convertisseur autour du point de fonctionnement. Malheureusement, ceci reste valable seulement dans une zone restreinte autour de ce point. En outre, pour la synthèse d'elle, il est nécessaire de limiter la bande passante du système pour éliminer l'effet des harmoniques de commutation. Par conséquent, l'ordre du système ainsi que la fréquence du signal de commande se trouvent réduits.

Le contrôleur à synthétiser doit donc non seulement éviter ces problèmes, mais assurer également de bonnes performances de régulation et compenser les termes de second ordre négligés lors de la modélisation. Pour atteindre cet objectif, nous proposons d'utiliser un PID flou en cascade avec le convertisseur dont la structure est montrée sur la figure suivante :

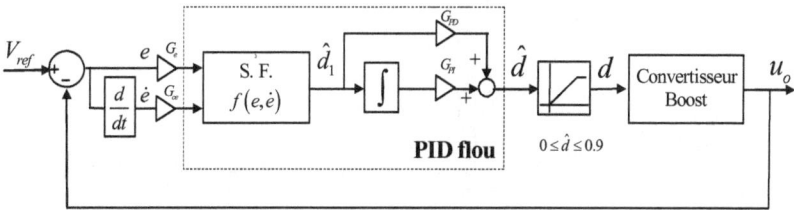

Figure 3-4 Schéma de la commande floue en cascade

La commande $\hat{d}$ est obtenue par la somme pondérée de la sortie du système flou (FLS) $\hat{d}_1$, et de son action intégrale en utilisant les gains G_{PD} et G_{PI}. Le système flou est de type Takagi-Sugeno avec l'erreur $e = V_{ref} - u_0$ et sa dérivée $\dot{e}$ comme entrées. Ce système est construit à partir de l'expertise humaine exprimée sous forme de règles floues :

$$j^{ème} \text{ règle : } \textbf{SI } e \text{ est } E_0^j \textbf{ ET } \dot{e} \text{ est } E_1^j \textbf{ ALORS } \hat{d}_1 = C_j(e, \dot{e}) \tag{3-6}$$

avec E_0^j et E_1^j sont respectivement les ensembles flous de l'erreur en tension e et de sa dérivée $\dot{e}$. C_j est le $j^{ème}$ singleton de sortie.

La stratégie de commande floue est établie en utilisant les connaissances suivantes :

➢ Quand u_o est loin de la référence V_{ref}, le changement du rapport cyclique doit être grand pour avoir un temps de réponse minimal.

➢ Quand u_o est proche de la référence, une petite variation $\hat{d}_1$ est suffisante pour atteindre la consigne.

➢ Quand u_o est au voisinage de la référence avec une vitesse d'approche suffisamment élevée, le rapport cyclique doit rester inchangé pour éviter les dépassements.

➢ Quand u_o atteint la référence et continue de croître, on diminue d'abord le rapport cyclique, ensuite si u_o demeure proche de la référence, le changement du rapport cyclique doit être nul sinon il devra être négatif.

En utilisant le produit comme moteur d'inférence et le centre de gravité pour la défuzzification, la sortie du système flou peut être donnée par :

$$\hat{d}_1 = \frac{\sum_{j=1}^{N} C_j(e,\dot{e})\prod_{i=0}^{1} \mu_i^j(e^{(i)})}{\sum_{j=1}^{N}\prod_{i=0}^{1} \mu_i^j(e^{(i)})} \tag{3-7}$$

où N est le nombre de règles floues et $\mu_i^j(e^{(i)})$ le degré d'appartenance de $e^{(i)}$ à l'ensemble E_i^j.

Ainsi, le signal de commande $\hat{d}$ appliquée au convertisseur peut être donnée par :

$$\hat{d}(t) = G_{PD}\hat{d}_1(t) + G_{PI}\int_0^t \hat{d}_1(t)\,d\tau \tag{3-8}$$

Pour assurer que le PID flou soit linéaire et donne la même sortie que le PID classique, il faut que le système flou vérifie les conditions suivantes [Sil, 89], [Jan, 90], [Miz, 92] :

1. L'utilisation du produit algébrique pour l'opérateur « ET ».
2. L'utilisation de la méthode du centre de gravité pour la défuzzification.
3. L'utilisation des fonctions d'appartenance triangulaires symétriques par rapport à leurs sommets pour la fuzzification de chaque entrée du système flou avec un degré de chevauchement de 0.5.
4. L'utilisation pour la partie conclusion, des singletons à position déterminée par la somme des entrées correspondantes.
5. La base de règles doit être complète, i.e. le nombre des règles est égale au produit des nombres des ensembles flous des variables d'entrée.

La troisième condition réduit le dénominateur de (3-7) à un, alors que la quatrième condition assure que le numérateur soit une fonction linéaire des entrées du système flou et par conséquent on aura une surface de contrôle linéaire. La sortie du contrôleur flou peut être donnée par :

$$\hat{d} = G_e \left(G_{PD} + \alpha G_{PI} \right) \left[e(t) + \left(\frac{G_{PI}}{G_{PD} + \alpha G_{PI}} \right) \int_0^t e(t)dt + \left(\frac{\alpha G_{PI}}{G_{PD} + \alpha G_{PI}} \right) \frac{d}{dt} e(t) \right] \tag{3-9}$$

où $\alpha = G_{ce}/G_e$.

A partir de (3-9), une analogie entre le PID flou et le PID classique peut être établie

($K_p = G_e \left(G_{PD} + \alpha G_{PI} \right)$, $T_i = \frac{G_{PD} + \alpha G_{PI}}{G_{PI}}$ et $T_d = \frac{\alpha G_{PI}}{G_{PD} + \alpha G_{PI}}$). Ainsi, les gains du contrôleur flou

peuvent être réglés en utilisant les méthodes développées dans le cas d'un PID classique. Néanmoins, il faut introduire une équation supplémentaire pour l'identification des gains du contrôleur flou. En effet, si on introduit la condition de normalisation sur le gain d'entrée du contrôleur flou G_e ($G_e = 1/\max(|e|)$), il nous reste à identifier les gains G_{PD}, G_{PI} et G_{ce} à partir de l'analogie précédente.

Nous avons défini, pour chaque entrée, cinq ensembles flous : Négative Grand (NG), Négative (N), Zéro (Z), Positive (P) et Positive Grand (PG), décrits par des fonctions d'appartenance triangulaires uniformément distribuées sur l'univers de discours. En utilisant toutes les combinaisons possibles, on obtient 25 règles floues avec 9 singletons de sortie issus de l'expertise humaine et présentés dans le Tableau III-2. Afin d'obtenir un contrôleur flou linéaire, on définit neuf singletons uniformément distribués sur l'univers de discours [-1, 1] de la sortie du système flou ($\hat{d}_1$). La figure 3-5 représente la surface de contrôle $\hat{d}_1 = f(e, ce)$ et illustre la linéarité du contrôleur.

	NG	N	Z	P	PG
PG	0	0.25	0.5	0.75	1
P	-0.25	0	0.25	0.5	0.75
Z	-0.5	-0.25	0	0.25	0.5
N	-0.75	-0.5	-0.25	0	0.25
NG	-1	-0.75	-0.5	-0.25	0

Tableau III-2 Matrice d'inférence avec distribution linéaire des singletons

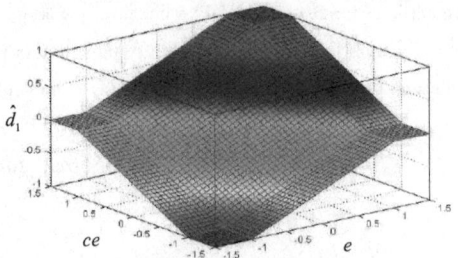

Figure 3-5 Surface de contrôle linéaire

Le contrôleur avec ses gains ainsi déterminés peut se comporter comme un PID classique. En vue d'améliorer les performances, des affinements des gains de sortie peuvent être introduits. En effet, l'une des procédures décrites dans [So, 96], [Esc, 02] peut être utilisée. Nous avons choisi pour notre part de modifier la distribution des singletons sur l'univers de discours de la sortie. Ainsi, la distribution donnée par la matrice d'inférence du tableau III-3 donne de meilleurs résultats.

	NG	N	Z	P	PG
PG	0.25	0.36	0.49	0.81	1
P	0	0.04	0.16	0.36	0.64
Z	-0.16	-0.04	0	0.04	0.16
N	-0.64	-0.36	-0.16	-0.04	0
NG	-1	-0.81	-0.49	-0.36	-0.25

Tableau III-3 Matrice d'inférence avec distribution non linéaire des singletons

La surface de contrôle obtenue est illustrée par la figure 3-6. Nous remarquons la non linéarité introduite permettant l'amélioration des performances du contrôleur flou.

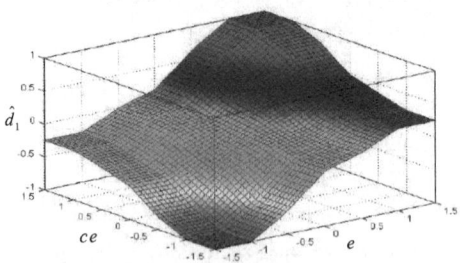

Figure 3-6 Surface de contrôle non linéaire

III.3.3. Simulations et résultats

Pour évaluer les performances du contrôleur proposé, on présentera d'abord les résultats de régulation pour une variation de la consigne en échelon. Ensuite, une étude comparative est effectuée avec le PID classique [Kol, 04] pour plusieurs cas de figures.

Les paramètres de simulations utilisés sont les suivants :

$$V_g = 45V, \quad V_{ref} = 75V, \quad L = 2120\mu H, \quad r_L = 0.74\,\Omega, \quad C = 100\mu F, \quad r_C = 0.18\,\Omega, \quad r_{SW} = 0.3\,\Omega,$$

$R = 1.2K\Omega$, et $f_{sw} = 25KHz$ qui correspond à un fonctionnement en MCC.

III.3.3.1. Validation du PID flou

Afin de synthétiser le contrôleur flou proposé, les entrées e et $\dot{e}$ sont mises à l'échelle respectivement par G_e et G_{ce}. Les gains G_{PD} et G_{PI} sont choisis pour avoir la meilleure dynamique et une erreur statique nulle. La figure 3-7 donne la réponse du système pour une entrée en échelon variant de $75V$ à $100V$ avec $G_e = 0.2$, $G_{ce} = 7.10^{-4}$, $G_{PD} = 10$ et $G_{PI} = 9700$. On constate que le contrôleur flou proposé assure de bonnes performances malgré la variation importante de la tension de référence. La figure 3-8, nous donne le signal de commande d nécessaire à obtenir la dynamique désirée.

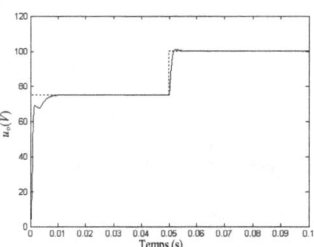

Figure 3-7 Réponse du système

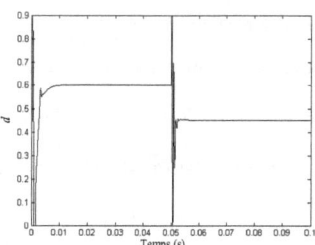

Figure 3-8 Signal de commande

III.3.3.2.Etude comparative

Cette partie est dédiée à une étude comparative avec le PID synthétisé par la méthode fréquentielle dans [Kol, 04] et donné par :

$$W_{PID}(s) = G_p \frac{\left(1 + \dfrac{s}{\omega_z}\right)\left(1 + \dfrac{\omega_L}{s}\right)}{1 + \dfrac{s}{\omega_p}}$$

(3-10)

Dans cette expression le gain G_p représente l'action proportionnelle pour l'amélioration du temps de réponse. La partie intégrale de ce correcteur est caractérisée par le zéro inversé ω_L permettant d'annuler l'erreur statique. Le zéro ω_Z caractérise l'action dérivée afin d'accroître la marge de phase et le pôle ω_p est introduit pour tenir compte de l'aspect filtrage de l'action dérivée dans le cas réel. Dans notre cas, les paramètres sont donnés par : $G_p = 0.5$, $\omega_L = 130$, $\omega_Z = 1300$ et $\omega_p = 40000$.

Afin de mesurer les performances du contrôleur flou synthétisé et les comparer avec celles du PID classique de l'équation (3-10), il faut définir des critères d'évaluation. Ces critères doivent prendre en compte à la fois l'amplitude maximale de l'erreur de régulation et le temps nécessaire au système pour revenir à la consigne après une perturbation ou pour atteindre une nouvelle référence [Fla, 94]. Dans ce qui suit nous allons utiliser les critères définis par :

➢ Le critère « intégrale de l'erreur quadratique » $IEQ = \int_0^\infty \left(e(t)\right)^2 dt$ est un indice de performance sensible essentiellement aux fortes erreurs.

➢ Le critère « intégrale de l'erreur absolue » $IEA = \int_0^\infty \left|e(t)\right| dt$ donne plus de poids aux faibles erreurs ce qui permettra par conséquent l'évaluation des performances du régulateur en régime permanent.

III.3.3.2.1.   Système sans perturbations

Les figures 3-9 et 3-10 donnent respectivement la réponse du système et le signal de commande pour un échelon d'entrée de $75V$, dans le cas où le système est certain et non perturbé.

Ces résultats montrent que le contrôleur flou présente une dynamique plus rapide que celle du PID. En effet, le temps de réponse décroît jusqu'à 68% (PID flou : 5ms, PID : 16ms) avec une meilleure erreur statique. La figure 3-10 montre la dynamique rapide du contrôleur flou ce qui explique les performances obtenues au niveau de la réponse du système. Afin d'assurer un temps de réponse court, les deux signaux de commande passent par une saturation momentanée au début du régime transitoire. Le tableau III-4 donne les valeurs des différents critères de comparaison. On constate que le contrôleur flou assure de meilleures performances que le PID aussi bien en régime transitoire qu'en régime permanent.

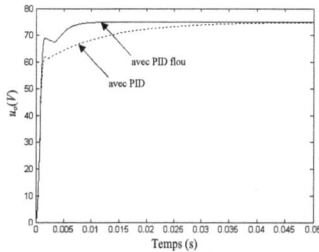

Figure 3-9 Réponse du système

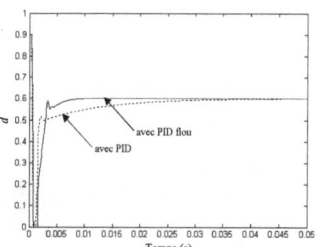

Figure 3-10 Signal de commande

	PID	PID flou
IEQ	4.72	3.60
IEA	0.22	0.09

Tableau III-4 Critères de comparaison

III.3.3.2.2. *Système perturbé*

Il s'agit maintenant d'étudier la robustesse du correcteur proposé dans le cas de la variation de la charge et de la présence de perturbations sur la tension d'alimentation.

III.3.3.2.2.1. *Variation de la charge*

La figure 3-11 présente la réponse du système dans le cas d'une variation de la charge de 50%. On remarque que malgré l'importance de cette variation, la réponse du système n'est que légèrement modifiée ce qui prouve le bon dimensionnement du contrôleur. Les bonnes performances dues au contrôleur flou peuvent être mises en évidence par les indices précédemment donnée et calculés dans l'intervalle de l'application de la perturbation. Le contrôleur flou assure un indice de performance (IEA=3.1 10^{-4}), pratiquement, quatre fois meilleures que celui assuré par le PID classique (IEA=12 10^{-4}).

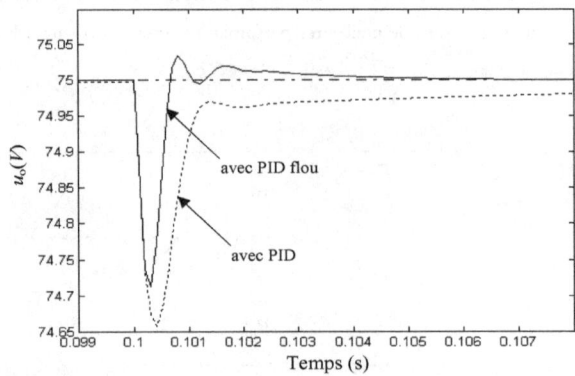

Figure 3-11 Dynamique du système après une perturbation

III.3.3.2.2.2. Variation de la tension d'alimentation

Les figures 3-12 et 3-13 résument les résultats obtenus quand le système est soumis à une variation de $16V$ de la tension d'alimentation par rapport à sa valeur nominale dans l'intervalle $[0.1 \ 0.2]s$. On peut remarquer que le contrôleur flou est plus robuste que le PID classique. Grâce à sa dynamique rapide, le contrôleur flou est capable de forcer le système à revenir rapidement à la consigne imposée. En effet, en utilisant le contrôleur flou, le temps nécessaire pour revenir à la référence est de $0.7ms$, alors que pour le PID, il est de $9.7ms$. L'indice de performances « IEA » calculé dans $[0.1 \ 0.2]s$ est de 82 10^{-3} avec le PID classique alors qu'avec le contrôleur flou sa valeur est de dix fois moins et égale à 8 10^{-3}. Ceci représente une mesure de la dynamique du système bouclé et montrent la rapidité de la réponse assurée par le contrôleur flou.

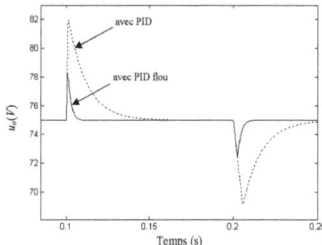

Figure 3-12 Réponse du système pendant la
variation de la tension d'alimentation

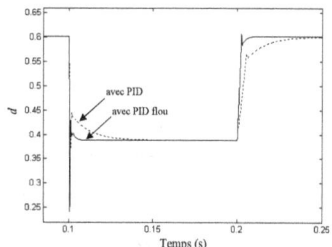

Figure 3-13 Signal de commande pendant la
variation de la tension d'alimentation

III.3.3.2.3.   Système à point de fonctionnement variable

Dans le cas où les éléments du système sont parfaitement connus, un modèle linéaire autour du point de fonctionnement peut être obtenu. Dans le cas contraire, la composante continue du rapport cyclique peut être initialisée de façon arbitraire puis ajustée par la loi suivante :

$$D(t) = D(t-1) + d(t)$$

Pour plusieurs valeurs initiales de D, les résultats obtenus montrent que le contrôleur flou est plus adéquat que le PID classique dans le cas de la variation du point de fonctionnement. Le contrôleur flou maintien ses performances malgré les variation du point de fonctionnement alors qu'avec le PID classique des dépassements importants peuvent avoir lieu et remettrent en cause le fonctionnement normal du convertisseur. En effet, en considérant comme valeur initiale $D(0) = 0.3$, la réponse du système est donnée par la figure 3-14. On remarque que lorsque le point de fonctionnement varie, les performances du contrôleur PID se détériorent puisqu'ils sont conçus pour un point de fonctionnement donné. Par contre les paramètres du contrôleur flou varient [Yin, 00], permettant ainsi au contrôleur de s'adapter au changement du point de fonctionnement et de maintenir les performances de régulation.

93

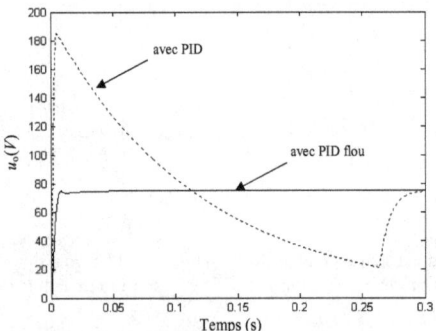

Figure 3-14 Réponse du système pour $D(0) = 0.3$

III. 4. Conclusion

Dans ce chapitre, nous avons utilisé le modèle à petits signaux du convertisseur opérant en mode de conduction continue. En utilisant ce modèle, nous avons synthétisé ensuite un PID flou pour la régulation de la tension de sortie par analogie avec un PID classique. Cette analogie nous a permis de calculer les gains du contrôleur flou et d'affiner leur réglage. Une étude comparative avec le correcteur PID a été abordée dans plusieurs cas de figures : variation de la charge, perturbations externes et pour un point de fonctionnement variant dans le temps. Cette étude a permis de montrer les avantages du contrôleur proposé en terme de performances, de robustesse et de flexibilité. Néanmoins, le modèle utilisé pour le convertisseur n'est valide qu'autour du point de fonctionnement et ne permet pas la description de la non linéarité du système. De plus, l'étude de stabilité du système bouclé est nécessaire. De ce fait, nous allons, dans le chapitre suivant, considérer les modèles non linéaires, moyen et discret, du convertisseur et nous proposerons une approche systématique de synthèse du contrôleur flou qui assure la stabilité du convertisseur en boucle fermée.

Chapitre 4

Synthèse du contrôleur flou : 2ème approche

IV. 1. Introduction

Dans le chapitre précédent, nous nous sommes intéressés à la mise en œuvre d'un contrôleur flou pour un convertisseur boost en établissant une analogie avec le contrôleur proposé et un PID classique. Cette analogie nous a permis de calculer les gains du contrôleur flou à l'aide des méthodes courantes développées dans la littérature pour un PID classique. Toute fois, on s'est focalisé, lors de la mise en œuvre, sur les performances de régulation sans prendre en compte aucun critère de stabilité.

Dans la plupart des travaux de littérature, l'analyse de la stabilité est étudiée après la synthèse du contrôleur [Che, 97], [Cho, 00], [Yin, 00]. Pour remédier à ce problème, une méthode d'analyse et de synthèse d'une classe de contrôleurs flous de type Takagi-Sugeno (TS) a été proposée dans [Pre, 00]. Basée sur la linéarisation du système, cette méthode se prête particulièrement bien à des systèmes de rang deux, où des projections topologiques dans le plan d'état donnent une vision des effets non linéaires [Ara, 89], [Buh, 94], [Pre, 00]. Cette approche utilise le produit comme moteur d'inférence et le centre de gravité pour la défuzzification pour aboutir à une expression analytique de la sortie du système flou permettant ainsi la définition des conditions de stabilité. Cependant, elle nécessite la mesure de l'état complet, ce qui rend la mise en œuvre du contrôleur difficile et augmente son coût.

Dans ce chapitre nous nous inspirons du travail de Precup et al. [Pre, 00] pour développer une méthode permettant un choix systématique des gains du contrôleur flou garantissant la stabilité globale du système bouclé.

Notre étude se fera en deux parties. On considérera d'abord que le système fonctionne en période 1. Pour cela, nous avons choisi d'utiliser le modèle moyen car il permet d'avoir d'une part une expression analytique simple et d'autre part de décrire les non linéarités que peut présenter le convertisseur. Par ailleurs, nous allons adopter le mode de conduction continue car il fournit plus d'informations sur le comportement du convertisseur et il facilite l'analyse de son fonctionnement. Dans la seconde partie, on s'intéressera au fonctionnement en période multiple. Dans ce cas nous adopterons le schéma de commande en courant et nous exploiterons de plus le modèle discret pour explorer les différents comportements anormaux caractérisant ce mode de commande. Notons que les imperfections des composants seront négligées vu la nature floue du contrôleur. Finalement, l'apport de l'approche proposée pour les deux modes de commande sera illustré à travers des résultats de simulation.

IV. 2. Partie I : Stabilité en période 1

Afin de décrire la dynamique du système, nous avons privilégié l'utilisation du modèle moyen tout au long de cette partie pour les raisons décrites ci-dessus. Soient $x_1 = <i_L>_T$ et $x_2 = <v_C>_T$ les valeurs moyennes de l'état du système sur une période de commutation T. Pour simplifier les calculs, on utilise le complément à un du rapport cyclique $(d' = 1-d)$. Dans ce cas, le modèle moyen du convertisseur peut être exprimé par :

$$\dot{x} = \begin{pmatrix} \dot{x}_1 = \dfrac{v_g}{L} - \dfrac{d'x_2}{L} \\ \dot{x}_2 = \dfrac{d'x_1}{C} - \dfrac{x_2}{RC} \end{pmatrix} = \begin{bmatrix} F_1 \\ F_2 \end{bmatrix} = F(x, d') \tag{4-1}$$

La synthèse d'un contrôleur pour ce type de systèmes ainsi que l'étude de sa stabilité peuvent être réalisées à partir de sa linéarisation autour d'un point de fonctionnement. Celle-ci peut être obtenue en utilisant le développement en série de Taylor [Slo, 91]. Soit donc x_0 un point de fonctionnement on a :

$$\dot{\tilde{x}} = J(x_0)\tilde{x} \tag{4-2}$$

où $\tilde{x} = x - x_0$ et $J(x_0)$ la matrice Jacobienne.

La stabilité est liée à la nature des valeurs propres de $J(x_0)$ dont le polynôme caractéristique est donné par :

$$\gamma(s) = det[sI - J(x_0)] = s^2 - tr(J(x_0))s + det(J(x_0))$$
$$= s^2 + I_1 s + I_2 \tag{4-3}$$

où $tr(.)$ et $det(.)$ sont respectivement les fonctions trace et déterminant. Les indices I_1 et I_2 sont données par :

$$I_1 = \left[\frac{1}{L}\frac{\partial d'}{\partial x_1}x_2 - \frac{1}{C}\frac{\partial d'}{\partial x_2}x_1 + \frac{1}{RC}\right]_{x=x_0} \tag{4-4a}$$

$$I_2 = \frac{1}{LC}\left[\frac{1}{R}\frac{\partial d'}{\partial x_1}x_2 + d'\left\{\frac{\partial d'}{\partial x_2}x_2 + \frac{\partial d'}{\partial x_1}x_1\right\} + (d')^2\right]_{x=x_0} \tag{4-4b}$$

Les pôles du système (4-2) sont :

$$\begin{cases} \lambda_{1,2} = \dfrac{-I_1 \pm \sqrt{I_1^2 - 4I_2}}{2}, & \text{si} \quad I_1^2 \geq 4I_2 \\ \text{ou} \\ \lambda_{1,2} = \dfrac{-I_1 \pm j\sqrt{4I_2 - I_1^2}}{2}, & \text{si} \quad I_1^2 < 4I_2 \end{cases} \tag{4-5}$$

A partir de (4-5), le système est stable si I_1 et I_2 sont strictement positifs. Etant donné qu'ils sont fonction des paramètres du contrôleur flou, un choix judicieux de ces derniers nous permettra d'imposer les pôles et de garantir ainsi la stabilité du système bouclé. Dans le cas où l'on veut s'assurer de la stabilité asymptotique au voisinage Ω du point de fonctionnement, il faudrait en plus que l'indice I_3 défini ci-dessous soit nul.

$$I_3 = Min\left\{\|F(x,d')\|, \text{ pour } x \in \Omega\right\} \tag{4-6}$$

où $\|.\|$ désigne la norme Euclidienne.

Dans le cas de pôles complexes, les caractéristiques dynamiques peuvent être étudiées en utilisant leur argument θ. En effet, pour une dynamique donnée et à partir de l'équation (4-5), la condition de stabilité sera la suivante :

$$\frac{4I_2}{\left(tg^2\theta+1\right)} \leq I_1^2 \leq 4I_2 \tag{4-7}$$

Cette inégalité permet d'établir un compromis entre la stabilité et les performances dynamiques du système bouclé. Si l'on définit par $R_{eM} \leq \text{Re}(\lambda_{1,2}) \leq R_{em}$ l'intervalle de variation de la partie réelle des valeurs propres, les indices de stabilité doivent satisfaire :

$$-2R_{em} \leq I_1 \leq -2R_{eM} \tag{4-8a}$$

$$R_{em}^2 \left(1+tg^2\theta\right) \leq I_2 \leq R_{eM}^2 \left(1+tg^2\theta\right) \tag{4-8b}$$

Pour un convertisseur donné (4-4) et une dynamique imposée, les conditions de stabilité (4-8) peuvent être données sous la forme suivante :

$$-\frac{1}{RC} - 2R_{em} \leq \left[\frac{1}{L}\frac{\partial d'}{\partial x_1}x_2 - \frac{1}{C}\frac{\partial d'}{\partial x_2}x_1\right]_{x=x_0} \leq -\frac{1}{RC} - 2R_{eM} \tag{4-9a}$$

$$CLR_{em}^2 \left(1+tg^2\theta\right) \leq \left[d'^2 + d'\left\{\frac{\partial d'}{\partial x_2}x_2 + \frac{\partial d'}{\partial x_1}x_1\right\} + \frac{x_2}{R}\frac{\partial d'}{\partial x_1}\right]_{x=x_0} \leq CLR_{eM}^2 \left(1+tg^2\theta\right) \tag{4-9b}$$

Exprimées en fonction de l'action du contrôleur, les équations (4-9) seront exploitées dans la suite afin d'établir une relation explicite entre les conditions de stabilité et les paramètres du contrôleur flou.

IV.2.1. Synthèse du PID flou stabilisant

Il s'agit dans cette partie de synthétiser un contrôleur flou garantissant la stabilité du système bouclé en mode tension. En prenant en compte le gain du capteur de la tension de sortie et la période d'horloge, le schéma de commande est donné par la figure 4-1.

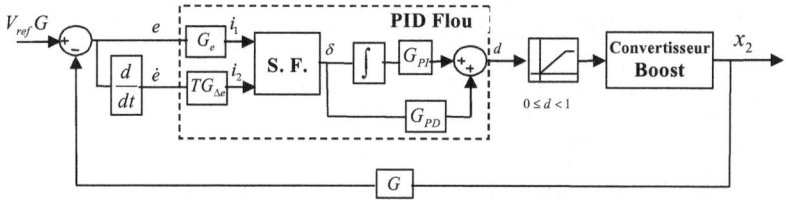

Figure 4-1 Schéma de commande avec le PID flou

A partir du schéma de commande, on constate que le contrôleur flou proposé nécessite uniquement la mesure de la tension de sortie; l'image de cette dernière est obtenue par un capteur de gain G. Le bloc de saturation placé à la sortie du contrôleur permet d'éviter le court circuit de la source d'alimentation du convertisseur. Le rapport cyclique est obtenu par la somme pondérée de la sortie d'un système flou TS δ et de son intégrale en utilisant respectivement les gains G_{PD} et G_{PI}. Les entrées du contrôleur sont l'erreur en tension e et sa dérivée $\dot{e}$. Dans ce cas, les entrées du système flou sont :

$$\begin{cases} i_1 = G_e e = G_e G\left(V_{ref} - x_2\right) \\ i_2 = G_{\Delta e} T\dot{e} = -G_{\Delta e} T G \dot{x}_2 \end{cases} \tag{4-10}$$

En utilisant les équations (4-10) et comme $\dfrac{\partial d}{\partial x_1} = \dfrac{\partial d}{\partial i_2}\dfrac{\partial i_2}{\partial x_1}$ et $\dfrac{\partial d}{\partial x_2} = \dfrac{\partial d}{\partial i_1}\dfrac{\partial i_1}{\partial x_2}$, on aboutit à la transformation suivante :

$$\begin{cases} \dfrac{\partial d}{\partial x_2} = -G_e G \dfrac{\partial d}{\partial i_1} \\ \dfrac{\partial d}{\partial x_1} = \dfrac{-\left[\dfrac{G_{\Delta e} T G}{C}\right](1-d)\dfrac{\partial d}{\partial i_2}}{1 - \dfrac{\partial d}{\partial i_2}\left[\dfrac{G_{\Delta e} T G}{C}\right] x_1} \end{cases} \tag{4-11}$$

Ainsi, à partir de (4-11) et des équations (4-4), les indices de stabilité peuvent donc être réécrits de la manière suivante :

$$I_1 = -\frac{1}{L}\left\{\frac{\left[-\dfrac{G_{\Delta e}TG}{C}\right](1-d)\dfrac{\partial d}{\partial i_2}}{1-\dfrac{\partial d}{\partial i_2}\left[-\dfrac{G_{\Delta e}TG}{C}\right]x_1}\right\}x_2 + \frac{1}{C}\left\{-G_eG\frac{\partial d}{\partial i_1}\right\}x_1 + \frac{1}{RC}\Bigg|_{x=x_0} \tag{4-12a}$$

$$I_2 = \frac{1}{LC}\left\{\begin{array}{l}-\dfrac{1}{R}\left[\dfrac{-\left(\dfrac{G_{\Delta e}TG}{C}\right)(1-d)\dfrac{\partial d}{\partial i_2}}{1-\left(\dfrac{G_{\Delta e}TG}{C}\right)\dfrac{\partial d}{\partial i_2}x_1}\right]x_2 \\[20pt] -(1-d)\left[\left((-G_eG)\dfrac{\partial d}{\partial i_1}\right)x_2 + \left(\dfrac{\left[-\dfrac{G_{\Delta e}TG}{C}\right](1-d)\dfrac{\partial d}{\partial i_2}}{1-\dfrac{\partial d}{\partial i_2}\left[-\dfrac{G_{\Delta e}TG}{C}\right]}\right)x_1\right] + (1-d)^2\end{array}\right\}\Bigg|_{x=x_0} \tag{4-12b}$$

Dans notre étude, nous supposons qu'il n'existe qu'une commutation par cycle d'horloge et de ce fait on force la commande à rester constante sur une période comme indiqué sur la figure 4-2.

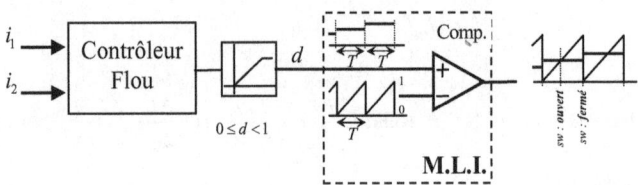

Figure 4-2 Contrôleur flou avec le bloc de M. L. I.

A la $n^{ème}$ période d'horloge, la sortie du contrôleur peut être exprimée par :

$$\begin{aligned}d(n) &= G_{PD}\delta(n) + G_{PI}\left(\sum_{i=0}^{n}\delta(i)\ T\right) \\ &= \alpha + G_{PI}\left(\sum_{i=0}^{n-1}\delta(i)\ T\right)\end{aligned} \tag{4-13}$$

où $\alpha = (G_{PD} + G_{PI}T)\delta(n)$.

Si l'on considère que le système se rapproche du régime permanent à partir de la $n^{ème}$ période d'horloge on peut approximer la commande par :

$$d(n) \approx D - \alpha = D - (G_{PD} + G_{PI}T)\delta(n) \qquad (4\text{-}14)$$

Une illustration graphique est donnée par la figure 4-3 avec $D = d\big|_{x=x_0}$ la valeur de la commande au point de fonctionnement. Cette valeur peut être déduite à partir de l'analyse du système en composante continue. Dans le cas d'un dépassement, le même raisonnement peut être adopté.

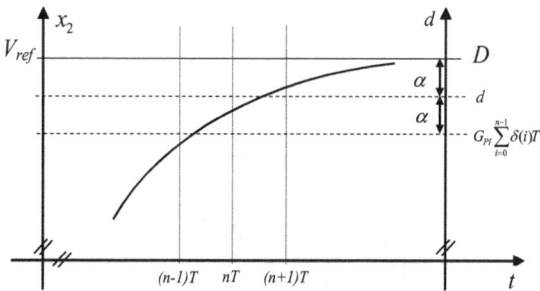

Figure 4-3 Voisinage du régime permanent

Nous remarquons, à partir de l'expression (4-14), que la non linéarité de la loi de commande ainsi que sa dynamique au voisinage du régime permanent seront réduites à celles de l'action δ du système flou. Ceci réduit de façon considérable la complexité du contrôleur flou. En effet, la dérivée partielle de la commande peut être simplifiée comme suit :

$$\frac{\partial d}{\partial i_r} = -(G_{PD} + G_{PI}T)\frac{\partial \delta}{\partial i_r}, r = 1, 2 \qquad (4\text{-}15)$$

Pour l'obtention de la sortie du système flou, considérons que le chevauchement entre deux fonctions d'appartenance voisines égale à 50%. L'expression de la sortie du système flou s'écrit alors :

$$\delta = \sum_{j=1}^{N} C_j(i_1, i_2)\prod_{m=1}^{2} \mu_m^j(i_m) \qquad (4\text{-}16)$$

où N est le nombre de règles floues, et μ_m^j est le degré d'appartenance de la variable d'entrée i_m à l'ensemble flou E_m^j dans la $j^{ème}$ règle floue.

À l'approche du régime permanent, on choisit d'utiliser pour la fuzzification trois fonctions d'appartenance représentants les ensembles flous N, Z, et P dont les expressions sont données par :

$$\mu_i^N = \frac{1}{1+e^{2k\left(\frac{i+\beta/2}{\beta}\right)}} ; \mu_i^Z = \frac{2}{1+e^{k\left(\frac{i}{\beta}\right)^2}} ; \mu_i^P = \frac{1}{1+e^{-2k\left(\frac{i-\beta/2}{\beta}\right)}} , (i = i_1, i_2) \tag{4-17}$$

avec k et β des constantes caractérisant la forme et la largeur de la fonction.

Sachons que les dérivées, autour du point de fonctionnement, des fonctions d'appartenance (4-17), sont données par :

$$\left.\frac{\partial \mu_i^N}{\partial i}\right|_{i=0} \approx \frac{-2k}{\beta e^k} , \left.\frac{\partial \mu_i^Z}{\partial i}\right|_{i=0} = 0 , \left.\frac{\partial \mu_i^p}{\partial i}\right|_{i=0} \approx \frac{2k}{\beta e^k} , (i = i_1, i_2) \tag{4-18}$$

et en considérant la partie active de la matrice d'inférence donnée par le tableau suivant :

i_1 / i_2	N	Z	P
P	U_{11}	U_{12}	U_{13}
Z	U_{21}	U_{22}	U_{23}
N	U_{31}	U_{32}	U_{33}

Tableau IV-1 Partie active de la matrice d'inférence

la sortie du système flou, en ce voisinage, est égale à :

$$\delta = \mu_{i_1}^Z \mu_{i_2}^N U_{21} + \mu_{i_1}^Z \mu_{i_2}^P U_{23} + \mu_{i_1}^Z \mu_{i_2}^Z U_{22} + \mu_{i_1}^N \mu_{i_2}^Z U_{32} + \mu_{i_1}^P \mu_{i_2}^Z U_{12} \tag{4-19}$$

Ayant atteint la consigne, le singleton du milieu (U_{22}) dans la matrice d'inférence doit être nul. Ainsi, les dérivées de la sortie du système flou deviennent :

$$\left.\frac{\partial \delta}{\partial i_1}\right|_{i_1=0 \, \& \, i_2=0} = \frac{2k\left(U_{12} - U_{32}\right)}{\beta e^k} \tag{4-20a}$$

$$\left.\frac{\partial \delta}{\partial i_2}\right|_{i_1=0 \, \& \, i_2=0} = \frac{2k\left(U_{23} - U_{21}\right)}{\beta e^k} \tag{4-20b}$$

Ces expressions peuvent être utilisées dans (4-15) pour calculer les indices (4-12) et déterminer les paramètres du contrôleur flou à partir de (4-8) comme le résume l'organigramme de la figure 4-4. On déterminera également, aussi bien pour le système que pour le contrôleur, l'évolution des zones de stabilité en fonction des différents paramètres. Ainsi, on pourra déduire, en partant de la méthode de linéarisation de Lyapunov [Slo, 91], que le système avec le contrôleur synthétisé est asymptotiquement stable dans le point de fonctionnement considéré. Finalement, la structure du contrôleur flou ne dépendant pas du point de fonctionnement, on peut conclure que la stabilité asymptotique est assurée pour un large domaine de fonctionnement.

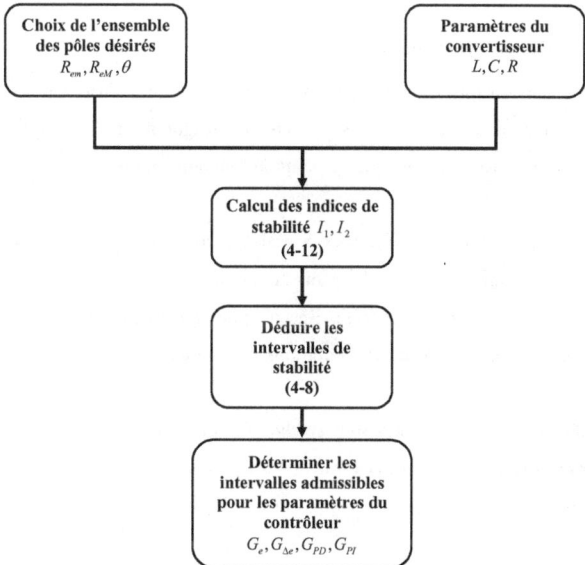

Figure 4-4 Organigramme de l'approche

IV.2.2. Simulations et résultats

La première partie de cette section sera consacrée à la validation de l'approche proposée et l'exploration des domaines de stabilité en fonction des gains du contrôleur. La seconde partie concernera l'analyse de l'effet des gains du contrôleur sur les domaines de stabilité en fonction de la charge ou de la tension de référence. Cette analyse permettra d'avoir une vision globale sur les domaines de stabilité.

Les simulations ont été effectuées pour un convertisseur boost fonctionnant en MCC et en période 1. Celui-ci est commandé en mode tension avec pour valeurs des paramètres : $V_g = 15\,\text{v}$, $L = 20mH$, $C = 20\mu\text{F}$, $R = 30\Omega$ et le gain du capteur de tension $G = 0.04$. La fréquence de commutation $f = 5KHz$ est choisie de manière à avoir un comportement du convertisseur en période 1.

IV.2.2.1. Validation de l'approche

Nous avons constaté sur plusieurs exemples que malgré le choix judicieux des gains du correcteur flou présenté au chapitre précédent, non seulement la consigne n'est pas atteinte mais dans certains cas la réponse diverge quand on s'éloigne du point de fonctionnement.

Nous présentons dans ce qui suit les zones de stabilité pour un point de fonctionnement donné : $37.5V$. Selon la procédure décrite par l'organigramme de la figure 4-4, on fixe les gains d'entrée et on calcule les gains de sorties admissibles. Ensuite pour un couple de gains de sortie donné, on détermine les gains d'entrées vérifiant les conditions de stabilité.

Les résultats de simulations obtenues sont synthétisés sur la figure 4-5. Nous remarquons qu'une complémentarité entre les gains d'entrée est nécessaire pour assurer la stabilité du système bouclé. En effet, l'augmentation de l'un des gains d'entrée nécessite la diminution de l'autre.

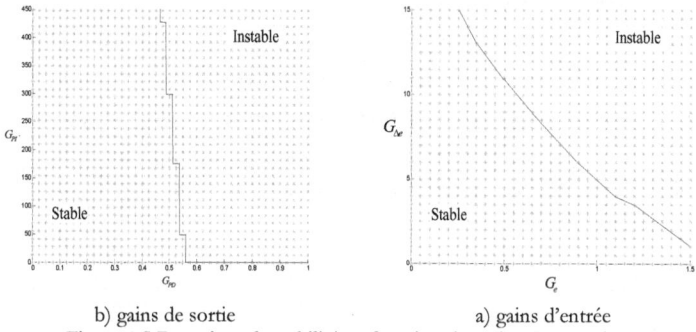

b) gains de sortie   a) gains d'entrée

Figure 4-5 Domaines de stabilité en fonction des gains du contrôleur

Les résultats de simulation de la figure 4-6, illustrent la réponse du système avec des gains obtenus par l'approche proposée. Ainsi, en imposant des valeurs propres $\lambda_1 = -8, \lambda_2 = -2100$ et des gains d'entrée $G_e = 0.5$, $G_{\Delta e} = 9$, on détermine comme décrit dans l'organigramme de la figure 4-4, les gains de sortie assurant la stabilité ($G_{PD} = 0.51, G_{PI} = 255$). Notons que ces valeurs appartiennent à la zone de stabilité déduite dans la figure 4-5. Les mêmes performances de stabilité ont été constatées en imposant de grandes variations sur les paramètres du convertisseur.

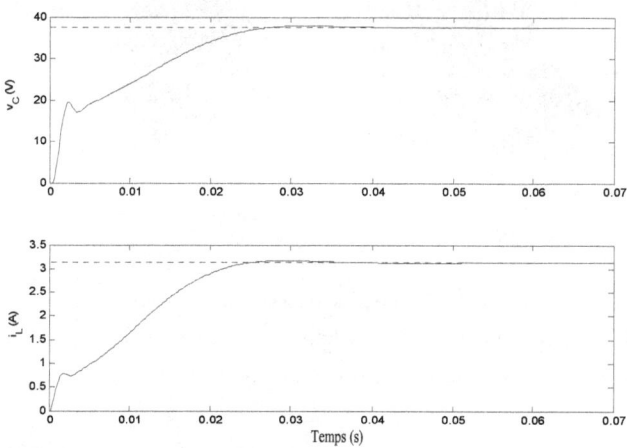

Figure 4-6 Réponse du système avec les gains obtenus par l'approche proposée

IV.2.2.2.   Analyse des zones de stabilité

Etant donné que le convertisseur peut être utilisé pour plusieurs valeurs de la charge et de la référence, ces deux paramètres doivent être pris en compte lors de la définition des domaines de stabilité. Dans ce qui suit, nous étudions l'influence de la consigne et de la charge sur les zones de stabilité en fonction des gains du contrôleur. En utilisant l'approche proposée, on a mené une campagne de simulation dont les résultats obtenus sont synthétisés par la figure 4-7.

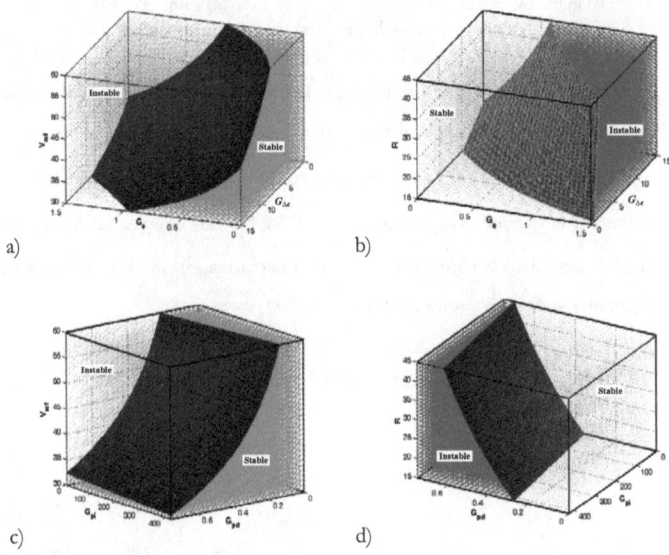

Figure 4-7 Zones de stabilité

Les figures 4-7a et 4-7c illustrent les frontières de stabilité pour une charge constante avec variation de la tension de référence en fonction des gains d'entrée et de sortie respectivement. Les figures 4-7b et 4-7d présentent ces zones de stabilité dans le cas contraire (variation de la charge et référence constante).

On remarque (Fig. 4-7a) que l'augmentation de la tension de référence nécessite d'être accompagnée par la diminution des gains d'entrée du contrôleur afin de maintenir la stabilité du système bouclé. Néanmoins, cette augmentation entraîne une limitation dans le choix des gains du contrôleur. Les résultats de la figure 4-7b montrent que l'accroissement de la charge entraîne celui de la zone de stabilité. Cependant, des oscillations au niveau de la réponse du système apparaissent pour des valeurs importantes de la charge. Dans le cas contraire, cela provoque le rétrécissement de la zone de stabilité. Ainsi, un compromis entre les gains d'entrée est nécessaire pour assurer la stabilité.

Dans la figure 4-7c, on remarque que l'augmentation de V_{ref} réduit considérablement la largeur de la zone de stabilité et limite le choix du gain G_{PD}, alors que dans la figure 4-7d on constate que l'augmentation de la charge accroît la zone de stabilité et donne plus de liberté dans le choix des gains de sortie du contrôleur.

Ces résultats de simulation ont mis en évidence les performances du contrôleur flou synthétisé pour assurer la stabilité asymptotique du convertisseur commandé en mode tension. La section suivante a pour objectif de montrer que la stabilité structurelle du convertisseur peut être assurée également par l'approche proposée. Pour cela, le schéma de commande en mode courant qui présente la spécificité de susciter les comportements anormaux sera considéré. Afin de décrire au mieux ces comportements et d'évaluer les performances de l'approche proposée, le modèle discret développé dans le deuxième chapitre sera adopté.

IV. 3. Partie II : Commande des phénomènes non linéaires

Etant donné qu'il est difficile d'analyser le comportement du système dans les régions à période de fonctionnement supérieure à 1, il serait intéressant de forcer le système à rester dans la région de période 1. Plusieurs approches dites de contrôle de la bifurcation ou de contrôle du chaos ont été développées dans la littérature [Lim, 90], [Ott, 90], [Jus, 00], [Ham, 00], [Ham, 01], [Pyr, 01], [Bet, 02]. Parmi celles-ci, on peut citer la méthode OGY [Ott, 90] et sa généralisation aux systèmes d'ordre élevé présentée dans [Yu, 00]. On peut citer également la méthode de Pyragas [Pyr, 92] et ses modifications et ses extensions [Bas, 97], [Jus, 00] et [Pyr, 01].

Ces approches ont été adaptées à l'électronique de puissance dans [Che, 98], [Che, 99], [Bue, 00], [Tse, 01], [Fra, 05], [Kol, 06]. Néanmoins, la plupart de ces méthodes s'intéressent à l'élimination des comportements anormaux en un point de fonctionnement donné en visant l'orbite instable pour une éventuelle stabilisation sans pour autant garantir les performances de régulation.

Afin d'assurer à la fois de meilleurs performances de régulation et de supprimer les comportements non linéaires du convertisseur, nous proposons, dans ce qui suit, d'utiliser la même structure du contrôleur flou pour un convertisseur commandé en courant. Notre objectif, en se basant sur la démonstration de stabilité précédemment donnée, est de garantir le réglage de la valeur moyenne du courant d'inductance et de montrer que ce contrôleur peut assurer également la stabilité structurelle du système. Pour valider l'approche, nous analysons les performances obtenues en terme d'élimination des phénomènes non linéaires et de la réduction du taux d'ondulation.

IV.3.1. Le PID flou : stabilité structurelle

Afin d'étudier l'élimination des phénomènes non linéaires par le contrôleur flou, nous devons choisir la commande du convertisseur en mode courant car celle-ci est plus riche en phénomènes non linéaires que la commande en tension. Par ailleurs, si l'on considère le courant de l'inductance comme sortie, on obtient un système à phase minimale, ce qui facilitera la mise en œuvre de la commande.

Pour commander le convertisseur en mode courant, nous proposons le schéma de commande suivante [Gue, 06b], [Gue, 06c] :

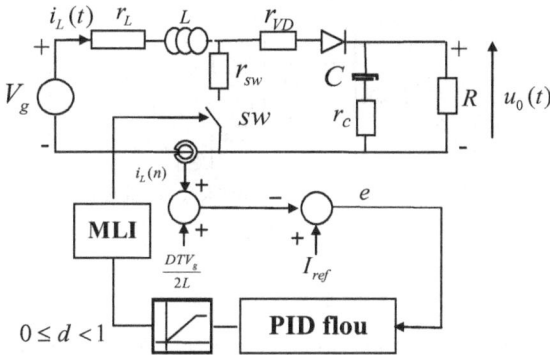

Figure 4-8 Schéma de la régulation de la valeur moyenne du courant d'inductance

On note que pour la protection des éléments de commutation avec ce schéma, le pic du courant peut être obtenu par l'ajout de la quantité $\left(DTV_g / L\right)$ à l'échantillon du courant $i_L\left(n\right)$.

La commande en mode courant a pour but le réglage de la tension de sortie du convertisseur via la régulation de son courant d'inductance. Pour une tension de référence désirée V_{ref}, le courant de référence I_{ref} à imposer est donnée par :

$$I_{ref} = V_{ref}^2 / \left(RV_g\right) \tag{4-21}$$

Pour fournir la commande adéquate, le contrôleur flou utilise comme entrée l'erreur entre la valeur moyenne actuelle du courant et la référence ainsi que la dérivée de cette erreur. On calcule cette valeur moyenne comme suit :

$$x_1 = \langle i_L \rangle_T = \left(i_L\left(n\right) + \frac{DTV_g}{2L}\right) \tag{4-22}$$

Le contrôleur flou utilisé dans cette section, dont le schéma bloc est donné par la figure 4-9, est la version discrète de celui présenté dans la partie précédente. Les gains du contrôleur sont obtenus à l'aide de l'approche développée précédemment, en modifiant le terme de l'erreur et celui de sa dérivée dans (4-10) par $e = G'\left(I_{ref} - x_1\right)$ et $\dot{e} = -G'\dot{x}_1$ avec G' le gain du capteur de courant.

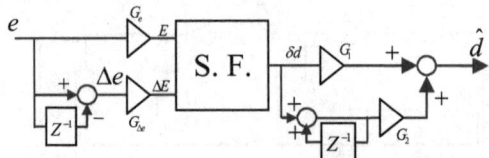

Figure 4-9 Structure du contrôleur flou discret

Proposition

Si le contrôleur flou assure la stabilité asymptotique lors de la régulation de la valeur moyenne du courant, alors il assure également le fonctionnement du convertisseur en période 1, et par conséquent, l'élimination des phénomènes non linéaires.

En effet, le contrôleur flou délivre une seule valeur du rapport cyclique d par période de commutation T comme le montre la figure 4-2. Notons également que la stabilité asymptotique de la valeur moyenne du courant garantit l'invariance du rapport cyclique durant deux périodes de commutation successives en régime permanent : $d(n) = d(n+1)$. A partir de là, on peut aboutir à la même valeur moyenne du courant pour deux périodes de commutation successives, et ainsi assurer que ce courant retourne en fin du cycle d'horloge à sa valeur initiale du début de ce cycle, i.e. $i_L(n) = i_L(n+1)$. Par conséquent, le contrôleur synthétisé force le convertisseur à fonctionner exclusivement en période 1 et permet ainsi d'éviter l'apparition des phénomènes anormaux dans un large domaine de fonctionnement.

IV.3.2. Simulations et résultats

Afin d'évaluer les performances du contrôleur en mode courant, les simulations seront effectuées en utilisant le modèle discret développés dans le chapitre 2. Ce dernier sera utilisé d'abord dans la reproduction des phénomènes anormaux exhibés par le convertisseur à travers des diagrammes de bifurcation, qu'on nommera par commodité le *comportement original*. Pour cela, on utilise le schéma de commande de la figure 4-10 où la valeur du rapport cyclique est donnée par :

$$d(n) = \frac{L}{T\left(r_L + r_{SW}\right)} \ln\left(\frac{V_g - \left(r_L + r_{sw}\right)i_L(n)}{V_g - \left(r_L + r_{sw}\right)I_{ref}}\right)$$

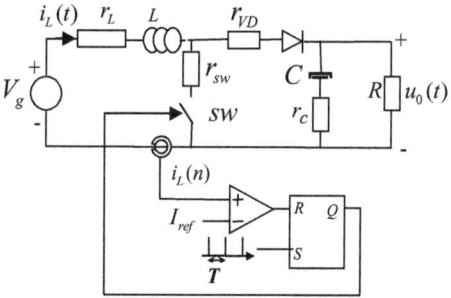

Figure 4-10 Schéma de commande

Le choix des gains d'entrée est basé, généralement, sur la normalisation des variables d'entrée, i.e :

$$G_e = 1/\max\left(|e|\right),\ G_{\Delta e} = 1/\max\left(|\Delta e|\right) \ \Rightarrow\ E, \Delta E \in [-1, 1],\ \forall D \in [0, 1[\tag{4-23}$$

Ceci est valable pour tous les cas, sauf pour celui de la variation du courant de référence où on doit modifier le gain de l'erreur à : $G_e = 1/\max(I_{ref})$. Néanmoins, l'obtention de la valeur maximale de la variation de l'erreur $\left(\max\left(|\Delta e|\right)\right)$ n'est pas toujours évidente car celle-ci est dépend de la dynamique du système en régime transitoire. De plus, le choix des gains (4-26) ne donne pas toujours un bon compromis entre la stabilité et les performances de régulation. Pour cela, nous proposons de relaxer la contrainte sur le choix des gains d'entrée en définissant le critère de choix suivant :

$$G_e \leq 1/\max\left(|e|\right),\ G_{\Delta e} \leq 1/\max\left(|\Delta e|\right) \ \Rightarrow\ E, \Delta E \in [-1, 1],\ \forall D \in [0, 1[\tag{4-24}$$

Ce critère donne plus de liberté dans le choix des gains d'entrée et permet de réaliser un meilleur compromis entre la stabilité et les performances de régulation.

Les paramètres nominaux du convertisseur boost utilisé lors des simulations : $V_g = 20V$, $L = 27mH$, $C = 120\mu F$, $R = 20\Omega$, $r_{VD} = 0.24\Omega$, $r_{SW} = 0.3\Omega$, $r_L = 1.2\Omega$ et $r_C = 0.1\Omega$. Afin d'explorer les comportements anormaux du convertisseur, la fréquence de commutation est fixée à $f = 500Hz$ [Ban, 98].

Pour illustrer les performances réalisées par le contrôleur flou pour le point de fonctionnement $I_{ref} = 4A$. La figure 4-11 présente les réponses du système obtenues. Malgré un *comportement original* chaotique du convertisseur, le contrôleur flou proposé assure la régularité dans la réponse du système et une erreur statique nulle.

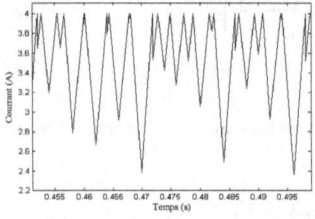 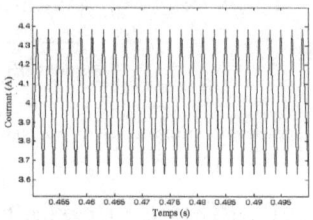

(a) *Comportement original* (chaotique)   (b) Comportement sous contrôleur flou

Figure 4-11 Réponse du système

Il s'agit maintenant à travers des diagrammes de bifurcation de montrer que le contrôleur flou assure le fonctionnement du convertisseur en période 1 et maintient ses performances pour un large domaine de fonctionnement. Ceci sera illustré grâce à une étude comparative entre les performances du contrôleur flou proposé et le *comportement original* du convertisseur. Le tableau IV-2 donne les différents domaines initiaux de fonctionnement. En utilisant ces domaines, il est facile de constater que l'approche de commande floue élimine les comportements non linéaires du convertisseur et assurent un fonctionnement en période 1. Nous proposons dans la suite de l'examiner pour des domaines de fonctionnement étendus donnés par le tableau IV-3.

Paramètre de Bifurcation \ Paramètre	$V_g[V]$	$R[\Omega]$	$L[mH]$	$I_{ref}[A]$
$V_g[V]$	**[7, 50]**	20	27	4
$R[\Omega]$	30	**[8, 50]**	27	4
$L[mH]$	20	20	**[1, 30]**	4
$I_{ref}[A]$	30	20	27	**[1.4, 7]**

Tableau IV-2 Domaines initiaux de fonctionnement

Paramètre de Bifurcation \ Paramètre	$V_g[V]$	$R[\Omega]$	$L[mH]$	$I_{ref}[A]$
$V_g[V]$	**[3, 50]**	20	27	4
$R[\Omega]$	30	**[8, 150]**	27	4
$L[mH]$	20	20	**[1, 200]**	4
$I_{ref}[A]$	30	20	27	**[1.4, 14]**

Tableau IV-3 Domaines étendus de fonctionnement

Les figures 4-12 à 4-15 donnent le *comportement original* du convertisseur et celui avec le contrôleur flou proposé. Les résultats obtenus montrent que le schéma proposé supprime totalement les phénomènes non linéaires apparaissant dans le *comportement original* et ce malgré l'extension des domaines de fonctionnement. En effet, la figure 4-12b illustre, dans le cas de la variation de la tension d'alimentation, la suppression des phénomènes non linéaires et l'élargissement de la région de fonctionnement en période 1 de l'intervalle $[35.1, 50]V$ en *comportement original* à $[3, 50]V$ dans le cas du correcteur flou.

Dans le cas de la variation de la charge (figure 4-13b), le contrôleur flou assure le fonctionnement en période 1 le long du domaine de fonctionnement $[8, 150]\Omega$, alors que ce type de fonctionnement est limité sur l'intervalle de $[8, 12]\Omega$ dans le *comportement original*. Au delà de 12Ω le système exhibe une série de bifurcation avec l'augmentation de la charge jusqu'à ce qu'il rentre dans la zone du chaos.

Les diagrammes de bifurcation 4-14 et 4-15 montrent un élargissement du fonctionnement en période 1 dans le cas de la variation de l'inductance et du courant de référence respectivement, alors que ce type de fonctionnement était limité à $[1, 4.6]mH$ et $[1.4, 3.4]A$ respectivement.

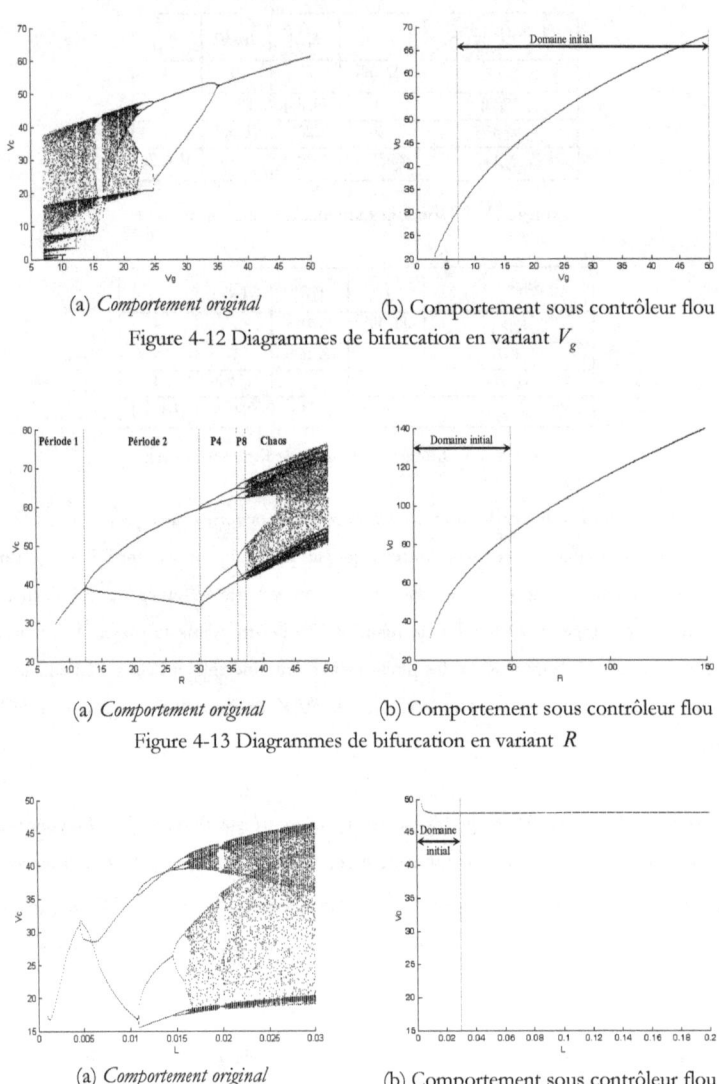

(a) *Comportement original*   (b) Comportement sous contrôleur flou

Figure 4-12 Diagrammes de bifurcation en variant V_g

(a) *Comportement original*   (b) Comportement sous contrôleur flou

Figure 4-13 Diagrammes de bifurcation en variant R

(a) *Comportement original*   (b) Comportement sous contrôleur flou

Figure 4-14 Diagrammes de bifurcation en variant L

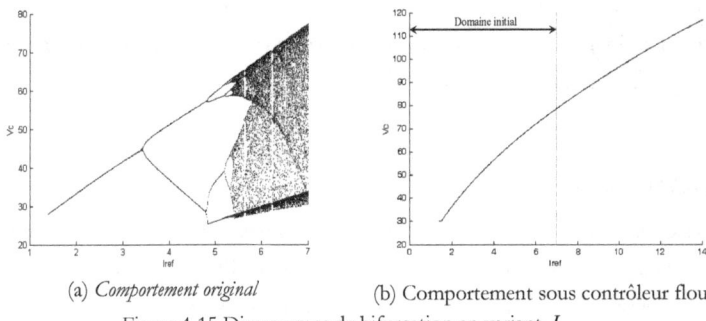

(a) *Comportement original* (b) Comportement sous contrôleur flou

Figure 4-15 Diagrammes de bifurcation en variant I_{ref}

Pour montrer que le schéma de la commande floue proposé garantit en plus de l'élimination des comportements anormaux les performances de régulation, on donne les réponses du système pour deux points de fonctionnements $V_g = 3V$ et $V_g = 8V$ par la figure 4-16.

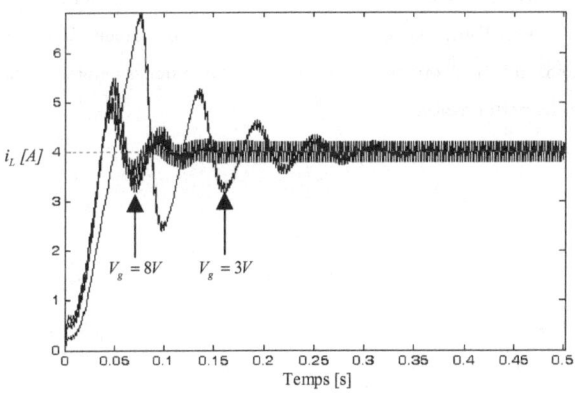

Figure 4-16 Réponse du système pour $V_g = 3V$ et $V_g = 8V$

Dans le *comportement original* du convertisseur, la valeur de la tension d'alimentation $V_g = 3V$ ne permettait d'assurer ni la charge du condensateur ni l'atteinte de la référence. La figure 4-16 montre que malgré cette faible valeur de la tension d'alimentation, le contrôleur flou force la valeur moyenne du courant à atteindre la consigne. Nous constatons également que les performances de régulation s'améliorent avec l'augmentation de la tension d'alimentation. En effet, le dépassement ainsi que le temps de réponse se réduisent en passante de $V_g = 3V$ à $V_g = 8V$.

IV. 4. Conclusion

Dans ce chapitre, nous avons proposé une méthode systématique pour la synthèse d'un contrôleur flou stabilisant pour le convertisseur statique décrit par son modèle moyen, commandé en tension et fonctionnant en période 1. Une linéarisation du modèle nous a permis de positionner les pôles du système bouclé en fonction des paramètres du contrôleur flou. Les résultats de simulation ont montré les valeurs admissibles pour chaque paramètre du contrôleur. D'autres paramètres influant sur la stabilité comme la charge et la tension d'alimentation, ont été également prises en compte lors de l'analyse de stabilité du système bouclé. Afin de traiter le cas du convertisseur présentant des comportements anormaux, l'approche de synthèse du contrôleur stabilisant, a été étendue pour la synthèse du contrôleur en mode courant. La modélisation discrète, proposée dans le deuxième chapitre, a été utilisée pour évaluer les performances de régulation du contrôleur flou. Les résultats de simulation, ont montré l'efficacité du contrôleur synthétisé pour garantir la stabilité structurelle du système. Néanmoins, il reste à optimiser le choix des gains pour garantir le meilleurs compromis entre la stabilité et les performances.

Conclusion Générale

Les travaux menés dans cette thèse ont porté sur la modélisation et la commande des convertisseurs statiques. Afin d'assurer une description meilleures du comportement dynamique du convertisseur, nous avons proposé un modèle discret modifié du convertisseur. Notre contribution relative à la synthèse de la commande a porté sur le développement de deux méthodes de mise en œuvre de contrôleurs flous.

Le chapitre 1 a été dédié à la présentation de l'ensemble des définitions et des outils nécessaires pour l'étude du convertisseur statique. En effet, après une brève description du convertisseur étudié et ses modes de fonctionnement et de commande, nous avons exposé les principales méthodes de modélisation développées dans la littérature avec leurs avantages et leurs inconvénients. Finalement, les différents outils d'analyse des phénomènes non linéaires en vue de leur utilisation dans les chapitres 2 et 4 ont été détaillés à la fin de ce chapitre.

Motivés par l'intérêt que peut présenter le modèle discret au niveau de l'exploration des phénomènes non linéaires, nous avons consacré le second chapitre à la modélisation discrète du convertisseur boost. A partir de l'analyse des deux principales techniques de modélisation discrète développées dans la littérature ainsi que de leurs limitations, nous avons proposé des améliorations permettant d'allier les avantages des approches existantes en évitant ou atténuant leurs inconvénients. Nous avons montré que les améliorations apportées permettent une description plus fidèle du comportement du convertisseur sans pour autant introduire des hypothèses simplificatrices ou des conditions de validité du modèle. De plus, la technique proposée permet, pour tous les modes de commande et de conduction, d'explorer les différents phénomènes non linéaires (bifurcation, oscillations quasi-périodiques, chaos) sans pour autant alourdir le calcul ou imposer des contraintes sur le fonctionnement du convertisseur. Une analyse du mécanisme de la première bifurcation a été ensuite effectuée afin de mettre en évidence la difficulté de prédire ces comportements imprévisibles qui compliquent l'analyse et la synthèse de commande pour ce type de systèmes.

Afin d'assurer de bonnes performances de régulation, nous avons proposé dans le troisième chapitre la synthèse d'un contrôleur à base de logique floue. En utilisant un modèle à petits signaux du convertisseur opérant en mode de conduction continue, nous avons synthétisé un PID flou pour la régulation de la tension de sortie par analogie avec un PID classique. L'idée dans ce cas a été d'exploiter l'analogie existante entre un PID classique et le contrôleur flou pour le calcul des gains et leur ajustement pour atteindre les objectifs de régulation. L'efficacité du contrôleur proposé en termes de robustesse et de flexibilité a été montrée à travers des études en simulation en tenant compte de la variation de la charge, des perturbations externes et pour un point de fonctionnement variant dans le temps. Toutefois, le modèle à petits signaux reste valide qu'autour du point de fonctionnement et ne permet pas la description des non linéarités du système. Pour cela une seconde approche a été proposée au chapitre 4. L'idée est de calculer analytiquement et d'une manière systématique les différents paramètres du contrôleur flou garantissant la stabilité du système bouclé. Pour cela, le modèle moyen a été adopté lors de la mise en œuvre afin d'obtenir des expressions simples tout en gardant l'aspect non linéaire du convertisseur. Ainsi, après avoir imposé les pôles et la dynamique désirés, des inégalités mathématiques sont établies pour permettre de définir les zones de stabilité des paramètres. Nous nous sommes d'abord intéressés au fonctionnement en période 1, et nous avons ensuite montré que cette approche peut être étendue au fonctionnement en périodes multiples et que le contrôleur ainsi développé permet de forcer le système à fonctionner en période 1. Ceci permet d'éviter l'apparition des phénomènes non linéaires et de maintenir les performances de régulation pour une grande variation du point de fonctionnement. Plusieurs simulations ont été présentées pour mettre en évidence l'apport de l'approche proposée.

Bibliographie

[Ahm, 03] M. Ahmed, M. Kuisma, K. Tolsa and P. Silventoinen, Implementing sliding mode control for buck converter, *IEEE 34ᵗʰ Annual Conf. on Power Elect. Spec.* (PESC '03), pp. 634-637, 2003.

[Aln, 00] O. Al-nassem and R. W. Erickson, Prediction of switching loss variations by averaged switch modelling, *IEEE App. Power Elect. Conf.*, pp. 242-248, 2000.

[Ara, 89] J. Aracil, A. Ollero and A. Garcia-Cerezo, Stability indices for the global analysis of expert control systems, *IEEE Trans. on Sys. Man, and Cyber.*, pp. 998-1007, 1989.

[Ast, 84] K. G. Äström and B. Wittenmark, *Computer controlled systems theory and design*, Information and system sciences series, Prentice-Hall, Englewood Cliffs, NJ, 1984.

[Ban, 98] S. Banerjee and K. Chakrabarty, Nonlinear modeling and bifurcations in the boost converter, *IEEE Trans. on Power Elect.*, pp. 252-260, 1998.

[Ban, 01] S. Banerjee and G. C. Verghese, *Nonlinear phenomena in power electronics*, IEEE press, NJ (USA), 2001.

[Bas, 97] M. Basso, R. Genesio and A. Tesi, Stabilizing periodic orbits of forced systems via generalized Pyragas controllers, *IEEE Trans. on Circuits and Systems*, pp. 1023-1027, 1997.

[Ber, 98] M. Di-Bernardo, F. Garofalo, L. Glielmo and F. Vasca, Switchings, bifurcations and chaos in dc-dc converters, *IEEE Trans. on Circuits and Systems*, pp. 133-141. 1998.

[Ber, 00] M. Di-Bernardo and F. Vasca, Discrete-time maps for the analysis of bifurcations and chaos in dc/dc converters, *IEEE Trans. on Circuits and Systems*, pp. 130-143, 2000.

[Ber, 05] M. Di-Bernardo and K. Camlibel, Structural stability of boundary equilibria in class of hybrid systems: analysis and use for control system design, *Proc of the IEEE CDC*, pp. 215-220, 2005.

[Bet, 02] O. Bethoux and J. P. Barbot, Multi-cell chopper direct control law preserving optimal limit cycles, *Proc of the IEEE CCA'02*, pp. 1258-1263, 2002.

[Bro, 94] R. Bronson, *Equations différentielles méthodes et applications*, McGraw-Hill, Paris, 1994.

[Bry, 04] B. Brayant and K. Kazimierczuk, Small-signal duty cycle to inductor current transfer function for boost PWM dc-dc converter in continuous conduction mode, *IEEE Inter. Symp. on Circuits and Systems*, pp. 856-859, 2004.

[Bue, 00] R. S. Bueno and J. L. R. Marrero, Application of the OGY method to the control of dc-dc converters: theory and experiments, *IEEE Symp. on Circuits and Systems*, pp. 369-372, 2000.

[Buh, 94] H. Bühler, *Réglage par logique floue*, Presse Polytechniques et Universitaires Romandes, 1994.

[Car, 00] J. Carvajal, G. Chen and H. Ogmen, Fuzzy PID controller: design performance evaluation and stability analysis, *Inter. Jour, of Information Sciences*, pp. 249-170, 2000.

[Cha, 97] W. C. Y. Chan and C. K. Tse, Study of bifurcation in current-programmed dc-dc boost converter: from quasi-periodicity to period-doubling, *IEEE Trans. on Circuits and Systems*, pp. 1129-1142, 1997.

[Cha, 00] F.Z. Chaoui, F. Giri, J.M. Dion, M. M'Saad, L. Dugard, Direct adaptive control subject to input amplitude constraint, *IEEE Trans. on Automatic Control*, pp. 485–490, 2000.

[Cha, 01] F. Z. Chaoui, F. Giri and M. M'Saad, Adaptive control of input-constrained type-1 plants stabilization and tracking, *Automatica*, pp.197-203, 2001.

[Che, 97] G. Chen and H. Ying, BIBO stability of nonlinear fuzzy PI control systems, *Inter. Jour. Of Intelligent and Fuzzy Systems*, pp. 245-256, 1997.

[Che, 98] G. Chen and X. Dong, *From chaos to order methodologies, perspectives and applications*, World Scientific Series on Nonlinear Science, World Scientific Publishing, Singapore, 1998.

[Che, 99] G. Chen, *Controlling chaos and bifurcations in engineering systems*, CRC Press, Boca Raton, USA, 1999.

[Cho, 00] B.-J. Choi, S.-W. Kwak and B. K. Kim, Design and stability analysis of single-input fuzzy logic controller, *IEEE Trans. on Sys. Man, and Cyber.*, pp. 303-309, 2000.

[Daa, 01] J. Daafouz and J. Bernussou, Parameter dependent Lyapunov functions for discrete time systems with time varying parametric uncertainties, *Sys. control lett.*, pp. 355–359, 2001.

[Daa, 02] J. Daafouz, P. Riedinger and C. Iung, Stability analysis and control synthesis for switched systems: a switched Lyapunov function approach, *IEEE Trans. on automatic control*, pp. 1883-1887, 2002.

[Dea, 90] J. H. B. Deane and D. C. Hamill, Instability, subharmonics and chaos in power electronic systems, *IEEE Trans. on Power Elect.*, pp. 260-268, 1990.

[Dea, 91] J. H. B. Deane and D. C. Hamill, Chaotic behaviour in current-mode dc-dc converter, *Electronic Letters*, pp. 1172-1173, 1991.

[Dea, 92] J. H. B. Deane, Chaos in a current-mode controlled boost dc-dc converter, *IEEE Trans. on Circuits and Systems*, pp. 680-683, 1992.

[Des, 70] C. A. Desoer, *Note for a second course on linear systems*, Van Nostrand Reinhold, New York, 1970.

[Dij, 95] E. V. Dijk, H. J. N. Spruijt, D. M. O'sullivan and J. Ben klaassens, PWM-switch modelling of dc-dc converters, *IEEE Trans. on Power Elect.*, pp. 659-665, 1995.

[Dio, 03] A. Diordiev, O. Ursaru, M. Lucanu and L. Tigaeru, A hybrid PID-fuzzy controller for dc/dc converters. *Inter. Symp. on Signals Circuits and Systems (SCS 2003)*, pp. 97-100, 2003.

[Eck, 81] J.-P. Eckmann, Roads to turbulence in dissipative dynamical systems, *Rev. Phy.*, pp. 643-654, 1981.

[Eke, 06] İ. Eker, Y. Torun, Fuzzy logic control to be conventional method, *Energy Conversion and Management*, pp. 337-394, 2006.

[Eri, 99] R. W. Erickson, and D. Maksimovic, Fundamentals of Power Electronics, *Kluwer Academic Publishers*, London, 1999.

[Esc, 02] P. J. Escamilla-Ambrosio and N. Mort, A novel design and tuning procedure for PID type fuzzy logic controllers, *IEEE Symp. on Intelligent Systems*, pp. 36-41, 2002.

[Fla, 94] J.-M. Flaus, *La régulation industrielle, régulateurs PID, prédictifs et flous*, Hermes, Paris, 1994.

[Fra, 05] A. L. Fradkov and R. J. Evans, Control of chaos: methods and applications in engineering, *Annual Review in Control*, pp. 33-56, 2005.

[Gle, 94] P. Glendinning, *Stability, instability and chaos: an introduction to the theory of nonlinear differential equations*, Cambridge University Press, 1994.

[Gue, 04] K. Guesmi, N. Essounbouli, N. Manamanni, A. Hamzaoui & J. Zaytoon, Commande hybride par mode glissant flou appliquée à un moteur à induction, *Proc. du CIFA'2004*, Douze (Tunisie), 2004.

[Gue, 05a] K. Guesmi, N. Essounbouli, N. Manamanni, A. Hamzaoui and J. Zaytoon, A fuzzy logic controller synthesis for a boost converter, *IFAC'05 World Congress*, Prague (République Tchèque), 2005.

[Gue, 05b] K. Guesmi, N. Manamanni, N. Essounbouli, A. Hamzaoui and J. Zaytoon, Non linear phenomena shifting in dc-dc power converters by a fuzzy logic controller, *IMACS'05 World Congress*, Paris (France), 2005.

[Gue, 05c] K. Guesmi & N. Essounbouli, Synthèse d'un contrôleur flou pour la régulation d'un convertisseur statique. JDMACS 2005, Lyon (France), 2005.

[Gue, 06a] K. Guesmi, N. Essounbouli, N. Manamanni, A. Hamzaoui & J. Zaytoon, An enhanced modelling approach for dc-dc converters, *Proc. of IFAC Conf. on Analysis and Control of Chaotic Systems CHAOS'06*, Reims (France), 393-398, 2006.

[Gue, 06b] K. Guesmi, N. Essounbouli, N. Manamanni, A. Hamzaoui & J. Zaytoon, dc-dc converter current regulation and nonlinear phenomena suppressing, *Proc. of IEEE inter. Conf. on control appl. CCA'06*, Munich (Allemagne), 2006.

[Gue, 06c] K. Guesmi, N. Manamanni, A. Hamzaoui, N. Essounbouli & J. Zaytoon, Shifting nonlinear phenomena in a dc-dc converter using a fuzzy logic controller, Mathematics and Computer in Simulation, in press, 2006.

[Haj, 05] A. El Hajjaji, A. Ciocan and D. Hamad, Four Wheel steering control by fuzzy approach, *Journal of intelligent and robotics systems*, pp. 141-156, 2005.

[Ham, 92] D. C. Hamill and J. H. B. Deane, Modeling of chaotic dc-dc converters by iterated nonlinear mappings, *IEEE Trans. on Power Elect.*, pp. 25-36, 1992.

[Ham, 00] B. Hamzi, W. Kang, and J.P. Barbot, On the control of Hopf bifurcations, *Proc of the IEEE CDC*, pp. 1631-1636, 2000.

[Ham, 01] B. Hamzi, *Analyse et commande des systèmes non linéaires non commandables en première approximation dans le cadre de la théorie de bifurcation*, Thèse de l'Université de Paris XI Orsay, 2001.

[Han, 91] C. C. Hang, K. J. Aström and W. K. Ho, Refinements of the Ziegler-Nichols tuning formula, *IEE proc. of control theory and applications*, pp. 111-118, 1991.

[Hen, 76] M. Hénon, A two dimensional mapping with a strange attractor, *Comm, Math. Phys.* pp. 50-69, 1976.

[Iu, 03] H.H.C. Iu, C.K Tse, Study of low-frequency bifurcation phenomena of a parallel-connected boost converter system via simple averaged models, *IEEE Trans. on Circuits and Systems*, pp. 679-685, 2003.

[Jan, 90] J. Jantzen, Tuning-rules for fuzzy controllers, IEEE Inter. *Workshop on Intelligent Motion Control*, pp. 83-86, 1990.

[Jus, 00] W. Just, E. Reibold, K. Kacperski, P. Fronczak, J. A. Holyst and H. Benner, Influence of stable Floquet exponents on time-delayed feedback control, *Physics Review*, pp. 5045-5056, 2000.

[Kar, 03] A. Karimi, D. Garcia and R. Longchamp, PID controller tuning using Bode's integrals, *IEEE Trans. on control systems technology*, pp. 812–821, 2003.

[Kha, 96] H.K. Khalil, *Nonlinear Systems*, Prentice Hall, 1996.

[Kol, 04] Y. V. Kolokolov, S. L. Koschinsky, A. Hamzaoui, Comparative study of the dynamics and overall performance of boost converter with conventional and fuzzy control in application to PFC, *Power Elect. Spec. Conf.*, pp. 2165 – 2171, 2004.

[Kol, 06] Y. V. Kolokolov, A. P. Sholonik, P. S. Ustinov, A. Hamzaoui and J. Zaytoon, Hybrid design method of nonlinear controllers: avoiding bifurcations, *IFAC Conf. on Analysis and Control of Chaotic Systems*, pp. 109-114, 2006.

[Kre, 90] P. Krein, Berntsman, J. Bass, R. and Lesieutre, B., On the use of averaging for the analysis of power electronic systems. *IEEE Trans. Power Elect.*, pp. 182-190. 1990.

[Kre, 98] P. T. Krein, *Elements of power electronics*, Oxford University Press, NewYork, 1998.

[Li, 96] H. –X. Li, and H. B. Gatland, Conventional fuzzy control and its enhancement, *IEEE Trans. on sys. Man and Cyber.*, pp. 791-796, 1996.

[Li, 97] H.-X. Li, H. B. Gatland and A. W. Green, Fuzzy variable structure control, *IEEE Trans. on Sys. Man, and Cyber.*, pp. 306-312, 1997.

[Li, 05] H.-X. Li, L. Zhang, K.-Y. Cai and G. Chen, An improved robust fuzzy-PID controller with optimal fuzzy reasoning, *IEEE Trans. on Sys. Man, and Cyber.*, pp. 1283-1294, 2005.

[Lim, 90] R. Lima, M. Pettini, Suppression of chaos by resonant parametric perturbations, *Physics Review*, pp. 726-733, 1990.

[Lim, 99] Y.H. Lim and D.C. Hamill, Problems of computing Lyapunov exponents in power electronics, *Inter. Symp. on Circuits and Sys.*, Orlando FL, pp. 297-301, 1999.

[Mam, 74] E .H. Mamdani, Application of fuzzy algorithms for control of a simple dynamic plant, *Proc. of the IEEE Control and Science*, pp. 1585-1588, 1974.

[Man, 99] G. K. I. Mann, B.-G. Hu and R. G. Gosine, Analysis of direct action fuzzy PID controller structures, *IEEE Trans. on Sys., Man, and Cyber.*, pp. 371-388, 1999.

[Man, 05] G. K. I. Mann and R. G. Gosine, Three-dimensional min-max-gravity based fuzzy PID inference analysis and tuning, *Fuzzy Sets and Systems*, pp. 300-323, 2005.

[Mat, 97] P. Mattavelli, L. Rossetto, G. Spiazzi, and P. Tenti, General-purpose fuzzy controller for dc-dc converters, *IEEE Trans. on Power Elect.*, pp. 79-86, 1997.

[Maz, 01a] S. K. Mazumder, A. H. Nayfeh and D. Boroyevich, Theoretical and experimental investigation of the fast- and slow-scale instabilities of a dc-dc converter, *IEEE Trans. on Power Elect.*, pp. 201-216, 2001.

[Maz, 01b] S. K. Mazumder, *Nonlinear analysis and control of standalone, parallel dc-dc, and muli-phase PWM converters*, Thèse de l'Institut Polytechnique et de l'Université de Virginia, 2001.

[Mid, 76] R. D. Middlebrook and S. Ćuk, A general unified approach to modeling switching-converter power stages, *Proc. of IEEE Power Elect. Spec. Conf.*, pp. 18-34, 1976.

[Miz, 92] M. Mizumoto, Realization of PID controls by fuzzy control methods, *IEEE Conf. on Fuzzy Sys.*, pp. 709-715, 1992.

[Mon, 88] S. Monaco and N.-Cyrot, Zero dynamics of sampled nonlinear systems, System control lett., pp. 229-234, 1988.

[Mul, 95] P. C. Müller, Calculation of Lyapunov exponents for dynamic systems with discontinuities, *Chaos, Solitons & Fractals*, pp. 1671-1681, 1995.

[Nay, 95] A. H. Nayfeh and B. Balachandran, *Applied nonlinear dynamics: analytical, computational and experimental methods*, Wiley Series In Nonlinear Sciences, 1995.

[Ott, 90] E. Ott, C. Grebogi and J. A. Yorke, Controlling chaos, *Physical Review Letters*, pp. 1196-1199, 1990.

[Pag, 05] O. Pagès and A. El Hajjaji, Two fuzzy multiple reference model tracking control designs with an application to vehicle lateral dynamics control, *IEEE Conf. on Decision and Control, and the European Control Conference*, pp. 3267-3272, 2005.

[Par, 89] T. S. Parker and L. O. Chua, *Practical numerical algorithms for chaotic systems*, Springer, Verlag, 1989.

[Pas, 98] K. V. Passino, S. Yurkovich, *Fuzzy Control*, Addison Wesley Longman, 1998.

[Pai, 95] M. A. Pai, B. C. Lesieutre and R. Adapa, Structural stability in power systems – effect of load models, *IEEE Trans. on Power Sys.*, pp. 609-615, 1995.

[Poi, 99] H. Poincaré, *Les méthodes nouvelles de la mécanique céleste*, Paris, 1899.

[Pre, 00] R.-E. Precup, S. Doboli and S. Preitl, Stability analysis and development of a class of fuzzy control systems, *Engineering Applications of Artificial Intelligence*, pp. 237-247, 2000.

[Pyr, 92] K. Pyragas, Continuous control of chaos by self-controlling feedback, *Physical Letters*, pp. 421-428, 1992.

[Pyr, 01] K. Pyragas, Control of chaos via an unstable delayed feedback controller, *Physics Review Letters*, pp. 2265-2268, 2001.

[Raf, 03] S. M. R. Rafiei, R. Ghazi, R. Asgharian, M. Barakati, and H.A. Toliyat, Robust control of dc/dc PWM converters: a comparison of H_∞, μ and fuzzy logic based approaches. *IEEE Conf. on Control App.*, pp. 603-608, 2003.

[Rav, 97] V. S. C. Raviraj and P. C. Sen, Comparative study of proportional-integral, sliding mode, and fuzzy logic controllers for power converters. *IEEE Trans. on Ind. App.*, pp. 518-524, 1997.

[Rea, 02] A. Reatti, L. Pellegrini and M. K. Kazimierczuk, Measurement of open-loop small-signal control-to-output transfer function of a PWM boost converter operated in DCM, *IEEE Inter. Symp. on Circuits and Sys.*, pp. 849-851, 2002.

[Rod, 00] H. Rodriguez, R. Ortega, G. Escobar, N. Barbanov, A robustly stable output feedback saturated controller for the boost dc-to-dc converter, *System and Control Letters*, pp. 1-8, 2000.

[Rub, 04] A. Rubaai, M. F. Chuikha, Design and analysis of fuzzy controllers for dc-dc converters, *IEEE Symp. on Control, Communications and Signal Processing*, pp. 479–482, 2004.

[Sas, 99] S. Sastry, *Nonlinear systems analysis, stability and control*, Springer, New York, 1999.

[Sev, 85] R. P. Severns, and G. E. Bloom, *Modern dc-to-dc switchmode power converter circuits*, Van Nostrand Reinhold Company, 1985.

[Sil, 89] W. Siler and H. Ying, Fuzzy control theory: the linear case, *Fuzzy Sets and Systems*, pp. 275-290, 1989.

[Sir, 89] H. Sira-Ramirez, A geometric approach to pulse-width-modulated control in nonlinear dynamical systems, *IEEE Trans. on Automatic Control*, pp. 184-187, 1989.

[Sir, 97] H. Sira-ramirez, R. A. Perez-moreno, R. Oretga and M. Garcia-esteban, Passivity-based controller for the stabilization of dc-to-dc power converters, *Automatica*, 1997.

[Slo, 91] J.-J. E. Slotine and W. Li, *Applied nonlinear control*, Prentice-Hall, N.J., 1991.

[So, 96] W.-C. So, C.K. Tse and Y.-S. Lee, Development of a fuzzy logic controller for dc/dc converters: design, computer simulation and experimental evaluation, *IEEE Trans. on Power Elec.*, Vol. 11, pp. 24-32, 1996.

[Str, 00] S. H. Strogatz, Nonlinear dynamics and chaos with applications to physics, biology, chemistry and engineering, *Perseus publishing*, Cambridge, Massachusetts, 2000.

[Tak, 83] T. Takagi and M. Sugeno, Derivation of fuzzy control rules from human operator's control actions, *Proc. of the IFAC Symposium on Fuzzy Information*, pp. 55-60, 1983.

[Tak, 85] Takagi T. and M. Sugeno, Fuzzy identification of systems and its applications to modelling and control, *IEEE Trans. on Man, and Cyber.*, pp. 116-132, 1985.

[Tse, 94] C. K. Tse, Flip Bifurcation and Chaos in three-state boost switching regulators, *IEEE Trans. on Circuits and Systems*, pp. 16-23, 1994.

[Tse, 01] C. K. Tse and Y. M. Lai, Controlling bifurcation in power electronics: a conventional practice re-visited, *Latin American applied research*, pp. 177-184, 2000.

[Tse, 02] C. K. Tse and M. di Bernardo, Complex Behavior in Switching Power Converters, *Proc. of IEEE Special Issue on Applications of Nonlinear Dynamics to Electronic and Information Engineering*, pp. 768-781, 2002.

[Tse, 03] C.K. Tse, *Complex Behavior of Switching Power Converters*, CRC Press, Boca Raton, USA, 2003.

[Vid, 04] E. Vidal-Idiarte, L. Martinez-Salamero, F. Guinjoan, J. Calvente and S. Gomariz, Sliding and fuzzy control of a boost converter using an 8-bit microcontroller. *IEE Proc. on Elec. Power.*, App., pp. 5-11, 2004

[Vis, 02] K.Viswanathan, D. Srinivasan and R. Oruganti, A universal fuzzy controller for a non-linear power electronic converter, *Proc. of the IEEE Inter. Conf. on Fuzz. Sys.*, pp. 46-51, 2002.

[Wig, 00] S. Wiggins, *Introduction to applied nonlinear dynamical systems and chaos*, Springer, 2000.

[Wit, 90] A. Witulski and R. Erickson, Extension of state-space averaging to resonant switches and beyond, *IEEE Trans. on Power Elect.*, pp. 98-109, 1990.

[Xu, 03] J. Xu and H. Shao, A novel method of PID tuning for integrating processes, *IEEE conference on decision and control*, pp. 139-141, 2003.

[Yin, 00] H. Ying, *Fuzzy control and modeling , analytical fundations and applications*, IEEE Press, NJ, 2000.

[Yu, 90] C. C. Yu, *Auto-tuning of PID controllers*, Springer, Berlin, 1990.

[Yu, 00] X.Yu, G. Chen, Y. Song, Z. Cao and Y. Xia, A generalized OGY method for controlling higher order chaotic systems, *Proc. of IEEE Conf. on Decision and Control*, Sydney, Australia, pp. 2054-2058, 2000.

[Zad, 65] L. A. Zadeh, Fuzzy sets, *Information and Control*, pp. 29-44, 1965.

[Zha, 98] J. Zhang, K. F. Man and J. Y. Ke, Time series prediction using Lyapunov exponents in embedding phase space, *IEEE Inter. Conf. on Sys., Man, and Cyber.*, pp. 1750-1755, 1998.

Zeitfracht Medien GmbH
Ferdinand-Jühlke-Straße 7
99095 Erfurt, Deutschland
produktsicherheit@kolibri360.de

Druck:
CPI Druckdienstleistungen GmbH
im Auftrag der
Zeitfracht Medien GmbH
Ein Unternehmen der Zeitfracht - Gruppe
Ferdinand-Jühlke-Str. 7
99095 Erfurt